中国轻工业"十三五"规划立项教材

Special Design of Sports Shoes

运动鞋专题设计

杨志锋　著

中国轻工业出版社

图书在版编目（CIP）数据

运动鞋专题设计 / 杨志锋著. —北京：中国轻工业出版社，
2022.8

中国轻工业"十三五"规划立项教材

ISBN 978-7-5184-2369-9

Ⅰ.① 运… Ⅱ.① 杨… Ⅲ.① 运动鞋 – 设计 – 高等学校 – 教
材 Ⅳ.① TS943.74

中国版本图书馆CIP数据核字（2019）第014385号

内 容 简 介

本书内容包括：脚、楦与鞋的结构，运动鞋设计基础，运动鞋设计方法，运动鞋创意设计与概念设计，休闲鞋、跑鞋、篮球鞋和户外鞋专题设计，鞋样设计案例解析等。此书各章节均通过案例教学的方式来编写，力求让读者通过有限的篇幅学习尽可能多的知识。本书适用于本科、高职高专院校的鞋类设计专业，也可作为各类鞋样设计培训学校的教材。

责任编辑：李建华　　责任终审：劳国强　　整体设计：锋尚设计
策划编辑：李建华　　责任校对：吴大鹏　　责任监印：张　可

出版发行：中国轻工业出版社（北京东长安街6号，邮编：100740）

印　　刷：艺堂印刷（天津）有限公司

经　　销：各地新华书店

版　　次：2022年8月第1版第2次印刷

开　　本：787×1092　1/16　印张：9

字　　数：202千字

书　　号：ISBN 978-7-5184-2369-9　定价：58.00元

邮购电话：010-65241695

发行电话：010-85119835　传真：85113293

网　　址：http://www.chlip.com.cn

Email：club@chlip.com.cn

如发现图书残缺请与我社邮购联系调换

221166J1C102ZBW

前言

目前，我国鞋业发展已成功从加工型转向品牌经营，并逐步由国内品牌向国际品牌发展。但在向国际品牌转变的同时，各大企业发现自己的竞争力不足，在国际市场上处于被动地位，这是由于自身产品的同质化，附加值不高所造成的。而去除产品同质化、提高产品附加值最有效的手段就是提高自己的设计水平。因此，各大鞋业集团公司开始意识到"创意"的重要性，纷纷花巨资聘请优秀的鞋类设计师进行鞋类产品的创意研发，以提高公司产品的市场竞争力。

鞋类设计离不开对其设计构思的推敲与选择，当然也离不开设计方法的应用和楦型的研究。因此，鞋样设计构思、鞋样创意设计被越来越多的制鞋企业和鞋样设计师所重视，而市场上此类书籍并不多，且大部分都是与皮鞋、女鞋相关的内容，详细介绍运动鞋设计构思和设计方法的书籍几乎没有，在此背景下，笔者推出拙作《运动鞋专题设计》一书。本书以各种运动鞋的造型设计、设计方法和创意设计为核心，从脚、楦、鞋之间的关系入手，分析了各种运动鞋的结构特点、造型特点和鞋样设计的方法。

本书通过案例分析，对鞋类产品表现技巧进行了归纳。本书力求资料全面、完整和丰富，风格多样，收录了国内外众多设计院校师生的优秀作品及鞋类设计师的作品，并在互联网上搜集了各种信息和资料，希望能对今天和未来的设计师、工程师有所帮助。同时由衷地希望同行对不尽完善之处提出宝贵意见，以便笔者日后加以补充完善，使本书内容更加完整、丰富。在此向本校（泉州师范学院）

和泉州轻工职业学院、三明学院、泉州黎明大学、闽南理工学院、泉州华光摄影艺术学院等兄弟院校教师的帮助与支持表示感谢。

　　本书由本校纺织与服装学院资深教授、鞋类设计专业主任黄少青审稿，黄主任为本书提出了大量宝贵的意见，在此表示由衷的感谢。

作者
2018年8月于泉州师范学院

目录

第一章

脚和楦与鞋的结构

　　鞋的形态取决于楦的形态，而楦的形态又取决于脚的形态，人类脚部的形体结构决定了鞋的基本外观造型。俗话说"量体裁衣、比脚做鞋"，可见绘制鞋子是离不开脚型和楦型的。鞋的设计与生产不是为了欣赏，作为服装的分支，鞋起到装扮人体的作用。相对服装而言，鞋设计的功能性要求更强，它有合脚性、安全性、生理性等要求。服装有很多可以离开身体的设计，而鞋则不行，鞋的精度要比服装高很多，因此，掌握脚型和楦型的特点对鞋的设计有着重要的指导意义。

第一节　脚的结构形态

一、脚的结构

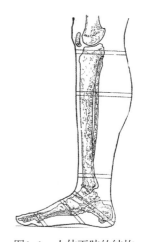

　　人体下肢由大腿、小腿、脚三部分组成，如图1-1所示。从制鞋需要看，只需了解小腿和脚即可，一般的中低帮运动鞋和低腰鞋会涉及脚趾、脚背、脚腕、踝骨、后跟，而高帮运动鞋和长筒靴还需要涉及腿肚部分。

　　脚部的主要骨骼结构由趾骨、跖骨和跗骨三部分组成，如图1-2所示。趾骨共由14块骨骼组成，趾骨形态特征是前细后粗，侧视前端趾节骨呈三角形；跖骨共由5块骨骼组成，从脚内侧向外排列依次是第一、二、三、四、五跖骨，跖骨与趾骨之间有一定角度，从侧面看，从跖骨前端开始向后与跗骨一起形成一个弓形；跗骨由7块骨骼组成，它们分别是楔骨、舟状骨、骰骨、距骨和跟骨，其中楔骨由脚内侧向外侧依次是第一、二、三楔骨。

图1-1　人体下肢的结构

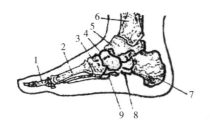
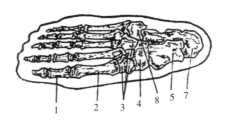

图1-2　脚部的主要骨骼结构

1—趾骨　　2—跖骨　　3—楔骨　　4—舟状骨
5—距骨　　6—胫骨　　7—跟骨　　8—骰骨　　9—第五跖骨粗隆

二、脚弓

脚弓是由跖骨和跗骨一起组成的，如图1-3所示。脚弓的结构及附着在上面的肌肉产生弹性，使人体在行走和运动时产生的冲击力得到缓解，对脚部起到缓震和保护的作用。

纵弓：内纵弓（距、舟状、楔骨和一、二、三跖骨组成）；外纵弓（跟、骰骨及四、五跖骨组成）。

横弓：前横弓（趾跖关节）；后横弓（楔骨和骰骨组成）。

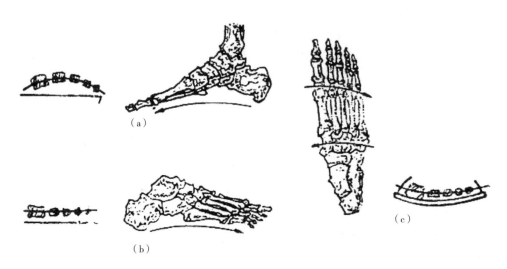

图1-3　脚骨的纵弓与横弓

（a）内纵弓　　（b）外纵弓　　（c）前后横弓

三、脚的形态

脚是人体的重要组成部分，对人体起支撑的作用。了解了脚的结构之后，在鞋的款式设计和效果图绘制时，就要按照脚的结构特点去考虑，这样设计出来的鞋才能够符合脚的生理结构，使生产出来的鞋在使用功能和审美感受上都达到最佳效果。脚的部位名称如图1-4所示。

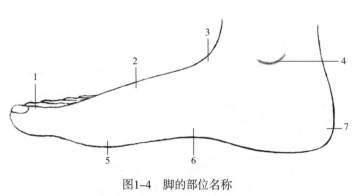

图1-4　脚的部位名称

1—脚趾　　2—脚背　　3—脚腕　　4—脚踝

5—前脚掌　　6—脚弓　　7—脚跟

1. 跖趾关节

跖趾关节是由脚跖骨与脚趾骨形成的关节，是脚底最宽的部位，因此，楦型的肥瘦是依据跖趾关节的围长制定的。人体在运动时跖趾关节是主要的受力点，跖趾关节也是脚部活动最频繁的部位。在鞋类设计时，跖趾部位要求圆滑饱满，如果鞋的跖趾部位过瘦，脚会由于摩擦而产生水泡或老茧，尤其是设计童鞋时更需要注意。

2. 脚背

脚背也叫脚跗面，呈凸起的弓状结构，起着传递人体重力的作用。

3. 脚腕

在小腿和脚背之间的拐弯位置上，当把脚掌向上翘起时，该部位有明显的横纹出现。

4. 脚踝

脚踝有里踝和外踝之分。里踝由小腿内侧的胫骨下端构成，外踝由外侧的腓骨下端构成。

5. 前脚掌

在跖趾关节和脚趾之间的底面上，外表为凹凸不平的曲面。

6. 脚弓

脚弓是指有脚骨骼所形成的弓状结构。按伸展方向，脚弓可分为横弓和纵弓两类。

7. 脚跟

在脚的最后端，脚后跟是支撑人体重量的主要受力部位。直立时后跟支撑体重的50%以上，随着脚的抬高，后跟受力逐渐减少，而前掌受力逐渐增加。

第二节 楦与鞋的关系

鞋的造型主要由三个要素组成：鞋楦（提供基本造型）、鞋帮、鞋底。

鞋楦是鞋类生产和设计必须使用的一种母型，作为鞋的母体的鞋楦是以脚型为基础的，是在脚型的基础上根据市场流行和生产需要制作的母型。鞋楦既是鞋的母体，又是鞋的成型模具，如图1-5所示。

鞋楦设计必须以脚型规律为依据，但又不能与脚做得完全一样，鞋楦决定着鞋穿着的舒适性。鞋楦的设计包括楦体头式，肉头安排，楦底样设计。楦和脚的大小形状不完全一样，脚的尺寸要比楦的尺寸小，如图1-6所示。

楦是鞋的灵魂，它的造型也是根据流行趋势和生产不断变化的，因此鞋楦又具有一定的审美因素，鞋类设计师同时也是楦型的设计师，不同造型的运动鞋鞋楦如图1-7所示。楦型体现了鞋的整体风格，不仅决定着鞋的造型和式样，更重要的是决定着鞋能否穿着舒适。因此，鞋楦设计必须以脚

图1-5 鞋楦是鞋类设计的母体

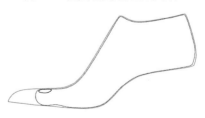

图1-6 脚的造型要比楦的造型小

型为基础，考虑脚与鞋之间的各种关系，如脚在静止和运动状态下的形状、尺寸、受力的变化以及鞋的品种、式样、加工工艺、辅助原材料和穿着条件，了解楦型可以更加准确地绘制鞋类效果图。

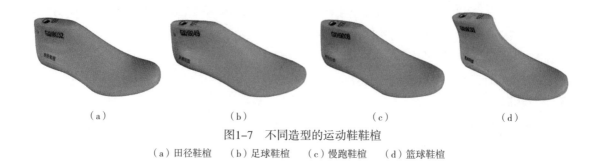

图1-7　不同造型的运动鞋鞋楦

（a）田径鞋楦　　（b）足球鞋楦　　（c）慢跑鞋楦　　（d）篮球鞋楦

鞋帮是鞋的门面，一种楦型确定下来后，鞋的变化主要在于鞋帮。鞋帮的造型款式和结构安排受到楦型的制约和影响，鞋帮是鞋类设计中一个重要的表现舞台。

鞋底处于鞋的底部，其造型所起的作用和效果却不能轻视，它与鞋帮造型同等重要，两者相辅相成。鞋底造型随着楦型和帮面款式变化而变化，如图1-8所示。

鞋底设计是从鞋底的厚度、底边墙的厚度、底花纹等方面进行的，如图1-9所示。一款鞋设计得是否合理，往往是鞋底造型、帮面款式、帮面材料和颜色的和谐统一，鞋底造型烘托了鞋的整体效果，并且使鞋的穿着更加舒适。

图1-8　楦型的变化制约着鞋底造型的变化

图1-9　鞋底造型样式

第三节　运动鞋的结构

鞋的制作过程较为复杂，款式设计处于运动鞋设计的第一步，它包括设计构思和设计表现两个部分，设计者要将好的想法通过表现技法表达出来，让大家在成品未生产出来前就能够形象地看到运动鞋的大体效果。而要做到这一点，就要求设计者需要了解鞋类各个部位的结构名称。

1. 鞋的结构名称

鞋由鞋底和帮面组成，帮面一般由皮革、纺织材料、商标和工艺材料等制成，而鞋底则由橡胶、EVA（乙烯－醋酸乙烯共聚物）、MD（EVA树脂发泡后冷压成型的鞋底）、TPU（热塑性聚氨酯弹性体）等材料制成，运动鞋具体部件名称如图1-10所示。

图1-10　运动鞋的结构名称

1—前帮围（外头）　　2—口门　　3—鞋舌　　4—眼片　　5—脚山

6—领口（统口）　7—后帮围（后方）　　8—大底　　9—中底　　10—TPU　　11—气垫

2. 鞋的结构组成方式

鞋的部件一般通过针车缝制、胶水黏合和成型工艺制作而成，如图1-11、图1-12所示为成鞋与部件分解的对照。

图1-11　运动鞋效果图

图1-12　运动鞋结构部件图

第四节　运动鞋的分类

一、篮球鞋

鞋底花纹一般是水波纹或人字纹，鞋帮多采用薄型皮革，外形上多采用中、高帮造型（图1-13），以保护脚踝，防止受伤。篮球运动员在弹跳时产生的撞击力相当于运动员体重的10倍；侧步滑动时，在脚侧的冲击力相当于运动员体重的 2~3 倍，所以篮球鞋要有较强的减震功能。鞋外底多采用翻胶，大底一般采用硬质橡胶，它由60%的人造合成橡胶及40%的天然橡胶压缩而成，耐磨性极佳；中底一般采用聚氨酯（PU）、飞龙（PHYLON，即 MD 底）等具有避震保护作用的材料。

图1-13　篮球鞋

二、网球鞋

网球鞋底花纹一般是粗水波纹，因网球场多为硬场地，比起篮球场，其地面更粗糙，所以耐磨的鞋底很重要，多为橡胶底。鞋帮设计多为矮帮，也有翻胶，前脚掌比较宽（图1-14）。网球鞋后跟底部一般向内有一个小斜度，因打球时经常后退，鞋后跟向内收缩一些，可以调节重心，保持身体稳定。鞋底中部有架桥设计，以加强侧面稳定性、避免扭伤，还可以起到保护脚踝的作用。

三、跑鞋

跑鞋外形上鞋头和鞋跟都有一点点翘，像个小船，前掌宽大，有足够的空间让脚趾伸展（图1-15），鞋头有翻胶。人跑步时产生的震荡力相当于体重的 2~3 倍，所以跑鞋中底多采用高密度材料，常有加厚减震设计。另外，人在剧烈运动中会产生大量汗水，而脚掌是汗水堆积最多的部位，因此，跑鞋的通风透气性是非常关键的，鞋帮材料多采用尼龙网布，以增加透气性。

图1-14　网球鞋

图1-15　跑鞋

四、足球鞋

足球鞋比较好辨认，一般足球鞋显得灵巧许多，鞋身比较瘦，比较合脚（图1-16）。足球鞋更突出的特点是鞋底有压模鞋钉和可转换鞋钉，适应足球场地，可提供良好的抓地能力，鞋头及鞋帮车线明显，可防止变形且耐用。

五、多功能运动鞋

多功能运动鞋（图1-17）适合喜欢多种运动而每星期只练习几次的人士，分为训练型和速度型两种。训练型鞋头略翘，有翻胶，鞋帮多采用尼龙网布；速度型与跑鞋相似。

图1-16　足球鞋　　　　　　　　　　图1-17　多功能运动鞋

六、有氧运动鞋

有氧运动鞋一般为高帮鞋（图1-18），比较轻巧。鞋底花纹不深的，适合在地毯上运动；鞋底花纹较深或呈多向性的，适合在木地板上运动，偏向于室内有氧运动时穿着。

七、滑板鞋

滑板鞋是平地式、板式的鞋，如图1-19所示。因为是玩滑板的人穿的鞋，故称为滑板鞋，也有人称其为"板鞋"。与一般鞋比较，滑板鞋不同的地方是它几乎都是平底的，以便于脚能完全地平贴在滑板上，而且有防震功能，它的侧面还有补强部件。滑板鞋比较轻，胶底抓地性能好，能比较好地抓住滑板。

图1-18　有氧运动鞋　　　　　　　　图1-19　滑板鞋

八、健行鞋

野外远足时，经常踏沙及在不平坦的地面行走，时而还需要走过山涧，远足者肩背较重的背包，容易出现扭伤和滑倒，故健行鞋一般多为中帮，鞋底有疙瘩式花纹，强调抓地性能，如图1-20所示。

九、登山鞋

因为要面对恶劣环境及寒冷多风的气候，所以这类鞋一般都很重，且非常坚固、韧性极佳，并要求非常好的保暖性，如图1-21所示。如果登的是雪山，专业高海拔登山靴一般为双层设计，外靴采用塑料，内靴采用保暖透气材料，能抵御 –40℃的严寒，全硬底鞋，可与卡式冰爪或滑雪板配合。

图1-20 健行鞋   图1-21 登山鞋

第二章

运动鞋设计基础

　　"设计"一词的意思就是按照任务的目的和要求，预先制定出工作方案和计划并绘出图样。这种计划的步骤或过程就是我们常说的设计程序。设计程序主要考虑的是抽象与具体、无形与有形的诸要素。在视觉中，诸如空间、平衡、对比等要素都是有形的可见的手段，可以规划一件作品的外观；无形的因素包括交流、思想内容等领域。

　　在设计程序中，这些无形的因素为选择、安排有形因素提供了基础。归根结底，无形的和有形的因素相辅相成，从而创造完美的视觉表达。因此，在设计视觉作品时，艺术家必须自觉地去认知、熟悉基础的设计成分。概括起来说，艺术设计实际是一个规划过程，有形的和无形的成分据此以分析、安排、综合，从而创造出一个完整的视觉表达。

　　上述这些有形的、可见的手段是运用艺术表现形式的方法与原则，或称概括与应用，我们应先从此入手。

第一节　运动鞋设计的形式美

　　构成艺术就是依据设计的要素和原则艺术地工作，形式的形成是将材料具体化后传达人的感官感情，美有内容，又有形式。形式美的原则就是表现形式的构成过程。形式美构成的要素和原则主要有两方面的内容：一是一定的自然物质条件；二是组合各种自然物质材料的规律。

一、自然物质材料的四大构成因素

　　四大构成因素包括线条、质感、明暗和色彩，也称三要素，即造型、色彩、材料，设计就是通过诸要素体现材料本身的性格和感情。

（一）线条

　　线条在自然上不是真正存在的而是人为的，也是抽象的，用来表现物体的轮廓。在鞋类设计中同时还用来表现面的分割、鞋的结构、装饰手段等。从广义上理解点、线、面的关系：点的移动轨迹产生了线，线的横向或纵向移动产生了面，面的纵向移动产生了立体空间。

　　1. 点

　　在几何学上的点称为位置，在设计上被称为一个视觉单位，服装、鞋上的点实际是一个面积。大的点是一个面积，如以圆形为点的通俗含义，但从设计概念上点的形状不限，菱形、椭圆形、多边形等都是点，点在鞋上一般代表鞋装饰物、标志设计等。点的集散、规则变化、反复排列都能产生美感。

　　2. 线

　　直接理解线是面与面交界的界线，它是点移动的轨迹。在鞋类设计中与点一样，有长度的面也应该称为线，比如鞋的装饰线常常以一个长方形的面出现。线可分直线、曲线或折曲线等。在性格上，直线表现静，曲线表现动，折曲表现不安定。改变线的长短、粗细、浓淡的比例变化或改变线的方向、距离、角度，都能产生丰富多彩的构成，鞋类设计形态美的构成无处不显露出线的创造力和表现力。

3. 面

点的平面几何或线的密集都可称为面，点的扩大也是面，在鞋类设计中最重要的是面的分割，点的移动和直线平面移动都可产生面。鞋类设计就是采用结构线把鞋类产品切割成不同形态的面。面的形状千变万化，各种面的分割、组合、重叠、交叉所呈现的平面布局丰富多彩，它们之间的比例、肌理变化和色彩配置、装饰手法以及某一基本形体的近似渐变或重复的不同应用，都能使款式富有变化。

（二）质感

质感是指构成中的材料肌理设定。当材料具体化后，能增强人的感官感觉，使作品的情调进一步得以表现。

（三）明暗

明暗指的是色彩的光明与黑暗的关系，在设计中用以强调形象的光感、清晰感。光照在主体物上的效果之所以能在平面上表现，即是由画家巧妙处理光暗的结果，所以艺术也利用明暗的表现能力创造微妙的情绪。暗色可以创造忧郁情绪及戏剧性，而亮色可以表示一种细腻优美及喜悦的情绪。

（四）色彩

不管它的大小、形状或者与原物的关系，色彩本身是一个兴奋剂，所有设计因素中最动人的是它有无穷的变化，也最能影响我们的情绪，所以它是设计师最有表现力的工具。

二、组合各种自然物质材料的规律

所谓组合即构成，规律即形式美的规律，即如何应用自然物质材料构成的四大因素来表达设计者的思想感情。构成形式美的物质材料的组合规律有比例、平衡、韵律、对比、强调、调和与统一。它们之间的关联性在于调和与统一是对整体来说的美感，也就是整体与协调的关系。

（一）比例

对平衡来说比例是相对存在的个体，就是在比较时的对比之感，在鞋类设计中主要表现与帮面部件分割的比例关系，分割面与装饰配件及整体的相互关系等，以达到在视觉表现中产生变化及增强视觉的效果。平面和立体都经常使用对比，以增强视觉表现力并提高表达效果。

通过对比形成差别，能使视觉表现更为强烈，更令人兴奋，视觉上的差别越具有表现力，越能打动人，整个视觉表达便越加可爱和有趣。但必须强调，形成的对比关系必须要有内在的关系及对比的东西不能太复杂，方能取得有益的效果。

1. 尺度对比

（1）相关对比

通常人习惯于用与人有关的尺度来进行尺寸比较，即根据物体与人的尺寸关系来认定物体的大或小。这些相关尺寸之间的关系是影响人们反应的重要因素，如物体与人或人所相对的第一部位相较显示很大，极易引起观者的壮观、气势博大或压抑感，物体很小则令人感觉娇弱、秀气或亲切。比如：一幅尺寸原大的壁画无须考虑作品的任何方面，仅其庞大的画面就能引起人们的兴奋，与一幅装饰小的作品相比较，前者壮阔，后者娇小。同样一双比人脚粗大的劳保鞋或慢跑鞋与一双女浅口鞋比较，它们从体积上给人的感受是截然不同的，再加上材料的应用及表现风格的渲染，前者刚阳健美与后者娇柔秀气的对比就更加强烈，如图2-1、图2-2所示。

图2-1　慢跑鞋

图2-2　女浅口鞋

（2）分割比例对比

①鞋的外轮廓和几何形体分割的比例关系：鞋的外轮廓根据其头形分类，由近似于方形、尖形、圆形这三种基本形组成。

②同样的外观造型，不改变其结构元素而改变其内分割比例关系，再配以相应的装饰变化，会有截然不同的造型。

运动鞋的造型设计首先取决于各部件的分割比例，如从圆形和正方形转变为椭圆形和长方形，整体视觉感受将产生较大变化。在圆形和正方形中，由于运动张力由中心向四面八方均匀地发射，而这些力可以互相制约，造成了式样的相对静态特征。但椭圆形和长方形则不同，在它们那较长的轴线上，张力明显产生了某种倾向性，张力沿着一个特殊的方向运动。方形和椭圆形在运动方向的表现上存在着模糊性，只能通过前后的联系得到肯定，比如长方形坐落在一个比较坚实的基础上，张力就会指向相对的自由端，如图2-3所示。

图2-3　长方形部件的张力

相对于长方形，楔形的运动方向模糊性要小得多，运动感也会显得更加强烈。楔形表现运动力在由基底向高峰逐渐增强的运动过程中带有明显的冲刺般的速度感，楔形的设计在运动鞋特别是强调速度感的足球鞋、跑鞋上的应用颇多，且能起到很好的效果，如图2-4所示。

图2-4　楔形部件的张力

楔形状态的另一个变种，就是各个空间层次之间的逐渐联系，这种逐渐联系代替了楔形与倾斜的侧面相交时所呈现出的相对突然和相对呆板的直角转折，使其产生匀称变窄的倾向，从而使帮面结构更加流畅与合理。

图2-5所示的篮球鞋上，几个大小不一、朝向一致的并列楔形状图形横贯整只鞋的帮面，并且楔尖向鞋头聚集。可以看到变了形的楔状图形基底圆浑，逐渐向上呈扩张形饱满状，再向顶端收缩。沿着楔形形状的曲线，可以感知到运动的速率由基底缓慢

图2-5　楔形部件的变形

地力争向外部推斥，当力的运动达到楔状体最饱满的上端时便迅速地滑向楔尖。显然，力的运动过程发生了方向性的改变，这一张一收的速率改变表现出楔状体内隐藏的巨大张力和冲刺力。加上楔状的轮廓线采用外凸的三角棱线，与圆弧的楔状形构成软硬对比，在视觉上增加了力度，使鞋的整体设计饱含生机活力。

楔形的变种还可以由多种不同的形体相互组合，在宽度和倾斜、旋转上进行变化，形成更加活跃的运动状态。

2. 利用视错觉，强调分割的比例关系

利用视错觉进行几何分割，能使帮面部件得到夸张和修正的效果，同时起到强调分割比例的作用。

（1）横向分割

横向分割的部件可使帮面部件在视觉效果上更具韵律感，当然横向分割并不是一成不变的，它可以根据具体的素材进行变形，但最终效果仍然是强调其韵律感，如图2-6所示。

图2-6　横向分割

（2）水平分割

水平分割的部件使帮面部件在视觉效果上更具流线感，流线型的部件可使鞋子有轻盈、动态的感觉，如图2-7所示。

图2-7　水平分割

（3）斜线分割

斜线分割经常被使用在速跑鞋和足球鞋上，因为在视觉效果上斜线分割的部件可使帮面部件更具有冲刺性，如图2-8所示。

图2-8　斜线分割

（4）自由分割

自由分割则可以融合更多的设计素材，但在素材的选择上要注意取舍，强调素材之间的协调性，如图2-9所示。

（5）形与体

视觉上的错觉现象与人对形的心理感受是不可分割的，所以可以利用比例和形的变化产生各

图2-9　自由分割

种巧妙的方位变化从而取得各自不同的风格。鞋类设计基本上是用几何形状分割的，即使用花卉和图案作装饰，也属几何形态的表现，因而利用它们的比例变化能使鞋类造型更加丰富多彩。应用比例分割造型的同时还应注意以下两个方面：

①形与体的对比：形的对比可以通过一个形与任何其他的形在视觉特征方面的比较来完成，如圆形与正方形、三角形与长方形形的对比等。同理，体的对比则是通过立体间的相互对比。形与体的对比在鞋类设计中泛指帮面分割与整体造型布局、装饰物之间的对比，以达到激发观赏者视觉能动性的目的，如图2-10所示。

图2-10　形与体的对比

②方向对比：由于形和体能呈现出明确的运动方向，通过形和体的运动方向的对比便可以完成任何视觉表达。例如，方向的对比可以用来造成平衡感、活跃感或紧张感，如图2-11所示。

图2-11　方向对比

（二）平衡与韵律

1. 平衡

平衡及均衡是保持物象外观匀称的法则。当然在设计中平衡涉及很多方面的内容，包括文化的平衡、传统与时尚的平衡等。在此我们仅针对鞋类造型结构上的平衡进行阐述。在鞋类造型设计中平衡氛围有三种：对称平衡、非对称平衡和不对称的对称平衡。

①对称平衡：是在假定的中轴线两侧安排同型的外观。同型又同量，不仅形状相同，量感也相同。用对称平衡的法则进行构图，能在视觉上保持一种均衡状态，使这种构图相互对抗的力在空间处理上处于视觉上的平稳状态，以获得预期的视觉效果。在视觉上对称意味着稳定的形态。因而对称总表现出严峻、冷漠或是刻板，也显示出静止、安详、稳重和端庄，如图2-12所示。

②非对称平衡：是在设定中轴线的两侧安排异型同量的外观，左右两边的物体大小不同，而调整受力点与轴的距离，使人感觉出平衡的状态，也就是俗语说的："秤砣虽小压千斤"，从造型艺术上阐述就是展开后等量不同形的原理。它几乎与对称相反，在视觉上所表现出的活动性和动感，能使人感到兴奋、激动和狂热，如图2-13所示。和对称构图一样，根据设计师的动机而产生各种效应，不对称构图也是一种适应性很强、极富变化的构图方式。

图2-12　对称平衡

图2-13 非对称平衡

③不对称的对称构图：不对称的对称
构图既不是严格的对称也不是绝对的不对
称，是在同一构图中结合了对称与不对称
两者的特性。当构图组成中一部分符合对
称特性，而其余部分却符合不对称时，就
产生了不对称的对称构图，即构图排列中
的一部分是能够由一条中轴线来进行等同
划分或定位的，如图2-14所示。

图2-14 不对称的对称构图

在鞋类设计中，此方法多用于装饰物、配图（即标志）、肌理的安排上。它既能突出对称性
也能突出不对称性，起到强调的作用，防止呆滞感。

2. 韵律

说到韵律，很多人会联想到音乐，其实韵律并不只存在于音乐中，也存在于其他的艺术媒
介中，如产品造型设计、舞蹈、建筑、摄影、艺术体操和一些体育项目等。韵律是构成系统的
诸元素形成系统重复的一种属性，也是使一系列大体上并不相连贯的感受获得规律化的最可靠
的方法之一。而且由于这种对规律性的潜在追求与把握，使人们往往将音乐与产品造型设计两
种不同的艺术门类联系在一起。

①重复韵律：重复具有强调的特性，无论何时只要一个组成部分被重复，其作用正如一个
节奏中的一拍，每一拍都加强了前面一拍的表达作用，很容易在心理上产生共性，就如人的呼
吸、心跳及白昼的重复，如图2-15所示。

②阶层韵律：以阶层由小变大或由大渐渐缩小来表现阶层韵律的强弱，如图2-16所示。

图2-15 重复韵律　　　　　　　　　　　　图2-16 阶层韵律

③流线韵律：以流线的表现传达视觉效果，如图2-17所示。

④放射韵律：由一个中心点或一个中心部位向四面展开的放射线来表现韵律，如图2-18所示。

图2-17　流线韵律　　　　　　　　　　　　　　　图2-18　放射韵律

（三）形体

任何一个立体的形体，都有一个与其对应的平面的形。这就意味着一个立方体是一个平面正方形的立体对应物，因此把每个形及其相应的体归为一种并加以描述。下面将各种具有共同特性的相关形和体进行分类。

1. 简单的几何形体

简单的几何形和体是没有相互结合的基本的形式，包括正方形、圆形、三角形，即任何的单纯几何构造的形状和体积。运用简单几何形体的方式是多种多样的，在鞋类设计中常见以排列方式出现，如图2-19所示。

2. 复杂的几何形体

复杂的几何形体是由两个或更多的简单几何形体结合而成的，结合后的形体不外乎分为直线或曲线两种，如图2-20、图2-21所示。

图2-19　简单的几何形体的应用

图2-20　直线几何形体的应用　　　　　　　　　　图2-21　曲线几何形体的应用

3. 有机形体

有机形和体是由自由平滑的曲线构成的。在视觉艺术中，有机形体往往反映自然，如用流体线条自然而然地表现出植物、动物或昆虫的生命现象，从蛋的形体而得出椭圆形等，如图2-22所示。

4. 偶然形体

这类形或体是在无意识无计划中得来的，从自然抽象的形体中发现其形体美而得到应用，如图2-23所示。

图2-22　有机形体的应用

图2-23　偶然形体的应用

5. 创造形体

创造形体是人们有意识地运用自己的审美标准，进行自觉的视觉探索的结果，如图2-24所示。例如，应用几何方法构成人们所熟悉的形和体，应用抽象表现创造出人们不熟悉的形和体，应用增加或减少的方法来创造形和体。

增加的方法：首先要选定一组确定的形和体，然后用各种方式加以组合，再组合，直到构成令人满意的新的形或体。

图2-24　创造性形体的应用

减少的方法：从一个单独的已知形或体出发，减去其部分构成，直至符合要求的形或体产生为止。

在运动鞋（旅游鞋）的平面结构中，创造形体的组合手段尤为鲜明。

第二节　鞋样设计要素和要求与程序

在人类的活动中，大量的工作就是造物，在这个过程中"型"是一个重要因素，是可见的、可触摸到的，它除了具有外部形态轮廓外，还应有色彩和质的概念。当然任何的设计活动都有相关的设计要素、要求和程序。

一、鞋样造型设计要素

在21世纪优美的造型设计中，形成了造型的三大基本要素，即形态、机能和审美要素。作为一名鞋样设计师，肯定希望自己设计的鞋能在琳琅满目的鞋海中显得特别醒目。所以在进行鞋样外观造型设计时一定要用心设计，当然除了造型外，要求在功能上也要独树一帜，如图2-25所示。

图2-25　造型、功能新颖的运动鞋

（一）形态要素

形态要素是鞋样造型设计赖以实现的物质基础，具体可分为形、色、质等三个方面。

1. 形

在这里我们所讲的形不仅指鞋样的外形、轮廓，实质上还包括鞋的结构形式。鞋样的结构设计不仅是对各部件进行外形轮廓的设计，也是鞋样的整体造型设计，如图2-26所示。

图2-26　运动鞋的造型设计

2. 色

在鞋样设计中，色彩设计也是非常重要的，产品的色彩搭配得当，可以美化产品，提高产品的销售量（如汽车的色彩设计等）。中国流行色协会调查总结显示，颜色是影响汽车售价的三大因素之一，选择不同颜色的车，反映出购车者不同的性格爱好。而在欧美等国家，即使是同一品牌、同一款车，颜色不同也可导致很大的产品差价，产品设计中色彩设计的作用可见一斑。

①运动鞋色彩的特点：运动鞋色彩比较丰富，变化范围较大，通过色彩设计不仅体现运动鞋的设计风格、动感，还增加了运动鞋的视觉效果乃至形成品牌色彩，如图2-27所示。

图2-27　运动鞋的色彩设计

②运动鞋帮面色彩设计的原则：首先，强调整体色彩的一致性，突出主色调，一般在选料时，以大块面色调的材料构成帮面的主体；其次，其他装饰部件的色彩既要与帮面色彩形成明

显的对比，又要在视觉上给人以协调感、舒适感。

③流行色的把握与预测：运动鞋流行色一般可以从服装的流行色趋势入手（一年前就开始第二年的预测）；还可以参考汽车流行色以及电影等方面的信息。

3. 质

我们这里所讲的质主要有两方面的内容：

①材料的组织性质：如是有机的还是化学的材质。不同的材料能够为鞋类产品带来不同的使用功能，如图2-28所示为皮革材料的组织结构。

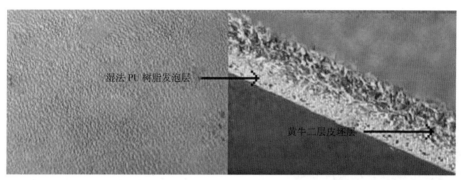

　湿法 PU 树脂发泡层

　黄牛二层皮坯层

（a）皮革表面　　　　　　　　　　　（b）皮革切面

图2-28　材料的组织结构

②材料的纹理：指物体表面的视觉与触觉效果给人带来的反应（质感）。不同纹理材料的混搭能产生不同的视觉效果，如图2-29所示荔枝纹皮革。

一般的材质，对于其物理性质、化学性质、力学性质人们是有共同认知的，而质感则来自于人们心理感受的结果。任何有形的设计活动，都必须通过有形的材质来表现造型的思想内涵，若没有材质，造型则无法有具体表现的质感。

图2-29　荔枝纹皮革

（二）机能要素

鞋类的机能要素包括了物理、生理和心理三个方面的内容。三种机能要素是从鞋类产品的功能上、材料的性能上、消费者的感受上提出的三方面要求，这是鞋样设计的基本要求。

1. 物理机能要素

它是指鞋样设计中能够满足材质、结构等物理条件的要求。例如，在篮球鞋脚弓部位设计全包裹的魔术扣，如图2-30所示，它可以将脚背束缚得更稳固，以更好地发挥鞋脚一体的功能。因此物理机能要素强调的是在功

图2-30　篮球鞋的魔术扣设计

能设计上满足消费者的需求。

2. 生理机能要素

它是指在鞋样设计中满足人体生理的需求，无论何种运动鞋，穿着时必须有一定的舒适性，并且方便、实用和安全。如图2-31所示为气垫减震材料作为鞋底的运动鞋。所以生理机能要素强调的是鞋类产品在人体工学上的要求。

3. 心理机能要素

它是指在鞋样设计中满足消费心理的需求，对消费心理有重要影响的是鞋样的色彩、款式、材质和功能等因素。人们在购物时影响消费的第一因素一般是产品的色彩，接着才是款式、材质等因素。美国流行色彩研究中心的一项调查表明，人们在挑选商品的时候存在一个"7秒钟定律"：面对琳琅满目的商品，人们只需7秒钟就可以确定对这些商品是否感兴趣。在这短暂而关键的7秒钟内，色彩的作用占到67%，成为决定人们对商品好恶的重要因素。因此在设计鞋类产品应充分结合消费心理的需求。如图2-32为运动鞋的色彩设计。

图2-31　气垫减震材料作为鞋底的运动鞋　　　　图2-32　运动鞋的色彩设计

（三）审美要素

追求美是人的天性，审美离不开人的感官，而视觉感受占到所有感官感受的80%。在视觉感受中又分为正常的视觉和视错觉，两者在审美中都发挥着重要作用。人们的审美情趣会由于宗教信仰、文化水平、生活阅历、喜好的不同而有差异，但在审美过程中也会对某些事物做出合理的、公正的评价，这就是共鸣。

在鞋样设计中，追求美不仅是指外观上的，而是在色彩、材质、工艺、造型上都应符合美的法则。鞋类产品美的概念，应该是造型、功能、科学、艺术、材料、工艺美的结合。

二、鞋样设计的要求

1. 鞋类产品的功能是其生存的先决条件

人脚的形状决定了鞋样的总体造型，而在这个造型中，不同的结构能够提供不同的功能，在设计过程中由于人脚的结构存在差异性（如扁平足、内外翻转的情况），那么针对其设计的功能就有所不同了。如图2-33所示为不同的脚型。

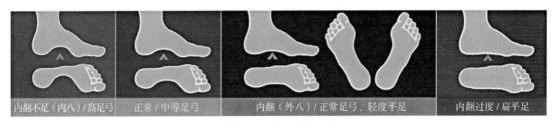

图2-33 不同的脚型

| 内翻不足(内八)/高足弓 | 正常/中等足弓 | 内翻(外八)/正常足弓、轻度平足 | 内翻过度/扁平足 |

不同的运动项目其运动方式和运动中的受力情况、大小、方向都不同，这时候就需要与之相适应的鞋类产品。如图2-34、图2-35所示为人体运动姿态和脚部受力图像。

图2-34 人体运动姿态　　　　　　图2-35 脚部受力图像

2. 结构造型

鞋类产品的外观造型、色彩、线条走向、分割和装饰工艺、部件位置等对整体审美效果有影响。鞋样设计也涉及工业美术、加工工艺、材料、人体工程学、心理的价值工程、商业等方面的知识，产品的产生是这些知识的综合反映。

3. 物质技术条件

设计时对选用的材料、生产机械、场地、技术等因素要进行综合考虑，设计师在进行设计时思维一般处于完美状态，因此不会过多地考虑产品生产的可行性。当然，在设计前期一般也不必过多地考虑生产的可行性，但是到了后期就得考虑其生产的可行性、生产的成本等现实因素。

三、鞋样设计的程序

(一)产品概念

所谓产品概念是产品所能够提供给消费者的核心利益和核心价值，也是企业期望给消费者的关于该产品的特定意念。在开发产品之前，就必须有明确、完备的产品概念，产品概念包含产品的功能、定位、意像等技术信息及价值信息。确定了产品概念之后，所有的设计工作都要围绕产品概念这个中心进行。

（二）品牌理念贯穿产品概念

就一个企业而言，其生产设计的产品常常由一套比较固定的经营理念所主导，以区别于其他企业的产品，这一套经营理念集中体现在企业的品牌上，而品牌的内涵又视觉化地呈现在商标、图形以及口号上。因此，通过产品的概念进行设计可以体现品牌理念。

（三）鞋样设计流程

鞋样设计往往不是由一个人完成，而是通过团队协作的方式进行的。鞋样设计工作的上游联系着市场调查、资料分析、鞋样产品概念提出的工作，下游联系着工程设计、模具设计和批量生产以及上市销售环节（图2-36），这需要建立统一的工作日程，工作日程表通过参考形态设计工作流程图，确定每一段的工作时间和每一位设计师的具体任务与日程，工作日程表一方面反映出形态设计的工作流程和各阶段工作的完成日期，另一方面可以通过估算具体工时和每个人的工作量，把工作内容细分给每一个员工，实现责任化管理。

概念的确立部分				鞋样设计部分							生产部分				销售部分
市场调查	市场调查报告	鞋样概念方案	鞋样概念确立	确定设计构思	设计草图发想	确定设计方案	完善设计方案	效果图制作	样鞋试制	问题反馈	鞋样打板	模具设计与制作	工艺设计与制作	批量生产	上市销售	终端信息反馈
产品企划部门与设计部门的沟通				设计部门与生产部门的沟通											
信息的沟通与讨论															

图2-36　鞋样设计流程图

1. 确定产品概念

鞋样设计的第一个阶段就是确定产品的概念，产品概念是一切设计的先导和龙头，产品概念的确定是整个工程的重中之重，它一般是由产品策划专案小组提出，产品概念的提出不是拍脑袋决策的，而是建立在调查研究的基础上，经过产品构思和论证的过程，提出成熟的产品概念。

2. 鞋样设计构思

在产品概念明确之后，就要全面收集材料（与产品概念相关的资料），经过分析后确定设计构思，它是产品概念朝向现实化的进一步努力，它包括了产品结构、形态设计方向、产品形象、产品的包装等，它指导着产品设计的全过程。

在设计构思中，产品形态设计表现为对产品形态的语言性描述，在下一阶段的草图设计中，设计师将通过合适的造型语言来表达产品形态，实现产品形态的感官化。

3. 草图设计

在确定产品设计构思之后，设计就进入草图发想阶段，草图设计是通过设计师的工作，寻找最合适的设计语言来描述和表达产品概念与设计构思。

草图设计是造型设计的重要工作手段，一方面要依赖设计师的感悟和设计技巧，如头脑风暴、草图发想等感性的工作方式，另一方面也表现为理性的、科学的研究手段。在研究手段发达的今天，要获得功能性良好的外观必然离不开一些现代研究手段的辅助，如电脑辅助设计，生物、力学测试等；此外，工艺设计也制约着草图设计。因此，在设计过程中，应与工艺人员及时沟通、协调，形成良好的配合，草图设计的结果才可以通过样鞋的检测。

4. 确定方案

确定方案是指通过评估和验收过程完成对草图设计结果的确认。验收小组通过检验和分析，确定草图设计已经达到产品设计概念的要求，将确定的方案进一步完善，准予进入样鞋试制阶段。

5. 样鞋试制

样鞋试制的目的是为了检验鞋样设计成果和发现问题，在发现问题后要进行修改并再试制直到问题解决为止。

6. 修改与生产

在所有问题解决之后就可将产品进行批量生产，并最终进入市场销售。在销售过程中应注意收集相关信息，为产品的改良提供参考。

第三节　鞋样设计与构思

一件作品能够吸引人并表现出它独到的创造力，它的先天条件在于构思。构思是创造性活动的最初阶段，对设计起着决定性的影响。

一、构思的产生基础

一个设计方案的选择是在对市场信息、流行趋势、实用条件调查的基础上进行全面分析、综合思考的结果。构思是把所有收集的信息（包括历史的、现在的经验）进行归纳、总结、提炼，以开阔设计思路，最终确定设计方案。

二、构思的全过程

构思的全过程是通过创造过程中的形象思维来完成的。它是以形象思维为主、逻辑思维为辅（指信息处理）的创造性活动。

1. 创造性想象

创造性想象是指在感情的驱动下离开眼前的事物，对种种记忆中的形象或经验进行重新创造的思维过程。

当设计者以满腔热情投入创作活动时，当构思的心境进入角色时，生活会给我们许多重要启发，人的想象活动便被激发起来。

在创造性想象过程中，大脑中某一储存信息的触发常常带有偶然性，或被常人看作是微不足道的，但是设计者所具有的积极探索精神及具有的某种个性气质会使这偶然机遇的、微小的形象在触发间迸发出意想不到的灵感，为造型和心理表现找到了丰富的艺术表达语言。换句话说，这叫感情的蒙动，或表现于妩媚优雅，或英俊潇洒，或典雅高贵，或青春活泼，设计者的情趣、心境、爱好越宽阔，想象力与创造力越丰富。

2. 构思美化过程

设计者要准确地寻找艺术的表达形式，使人的形态美与心灵美达到完美表现，这期间往往会有不断的反复，以达到表现的适度和完美。

三、构思的心理

一个新颖的设计构思的形成，常常来自其他事物的启发，我们把它称为激发素。

1. 某种自然生物的启示

在自然生物中，所知觉到的强烈运动往往是物理力作用之后留下的视觉现象，例如，海水由于上涨时受到海水本身重力的反作用，形成弯曲起伏、富有运动感的波浪；地壳由于地心岩浆的涌动而形成起伏山峦的轮廓线；包括天上的云朵、地上树木草虫的弯曲盘旋隆起的形状。力的运动、扩张、收缩或生长力等活动，创造出自然生物的形状。这些活跃在自然生物中的力和生长力不是人根据某些线索的推理得到的，而是人的眼睛直接感知到的。因为物理力的运动给那些能够呈现出它们的力量和轨迹的形状以生命感。虽然创造这些样式的力与传递到眼睛里的信息没有直接关系，但在这些样式中视觉依然能感知其展示出的强烈张力。

把自然界中某些气势磅礴的形式应用到运动鞋的设计中，能够让思路澎湃激昂，赋予作品非凡的气度。

原野中光彩灿烂的色彩，大自然景象中错落有致的韵律感，大到山川、河谷，小到鲜花小草，都能从中得到启发，如图2-37所示的运动鞋利用了大自然的绿色。

图2-37　大自然绿色的应用

如图2-38所示的运动鞋，横贯帮面的曲线层层叠进，波浪壮阔。可以感觉到底层较深的曲线饱满而雄浑，似有被来自基底的一股巨大的张力推涌着向倾斜方向运动，层层逼近，推波助澜，把最上面的一层推送得起伏跌落、奔腾跳跃。这种气贯山河的张力，是观察者把自然界物理力在形式上的表现转化为大脑视觉中心的生理力，虽然这些力的作用是发生在大脑皮层中的生理现象，但它在心理上却仍然认为是被观察事物本身的性质。因此，物理力转化为视觉力是造型设计最富表现力的手法。

图2-38　波浪的应用

2. 科技、文化的进步

随着社会的进步和科学技术的高度文明，生活方式的改变，意识形态的更新，不断变更和影响着人们的审美意识，如曾经流行的宇航服就是一个鲜明的例子，表达了人们对宇航事业的成功拥有、热爱和崇尚的心理。又如美国耐克运动鞋就是一部篮球运动的文化发展史，在美国，篮球是广受国民关注的体育运动，带动了耐克品牌的运动鞋发展为世界级的名牌，当然耐克运动鞋的辉煌也推动了美国篮球事业的蓬勃壮大。文化为产品定位，能产生巨大的推动作用。图2-39为耐克经典彩虹慢跑鞋。

图2-39　耐克经典彩虹慢跑鞋

3. 姐妹艺术

从人类鞋服史的记载不难看出，她与每一文明时期的艺术发展都有着密切的关系。雕刻、镶嵌图案、陶瓷、绘画、建筑、工业设计产品等，都直接影响着服装的造型。

从绘画艺术与鞋服的关系看，如以毕加索为代表的主体派绘画，他的画面基本上没有具体对象的形态，从而演变出了抽象派绘画。现代许多材料肌理、图案的表现以及工艺装饰的风格就是追求这种抽象的表现形式。

圣洛朗在20世纪60年代设计的"蒙德里安裙"就是根据荷兰风格派画家蒙德里安的三色分割构图所做的"几何形体派"服饰设计作品。这种艺术与服饰融合的形式表现运用了当时的艺术思潮，顺应了人们的审美心理，是一种大胆、成功的艺术借鉴。现代艺术的启示能给人带来简洁、明快的节奏感，也为设计思维注入生气，如图2-40所示。

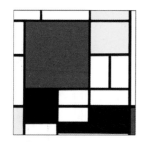

图2-40　蒙德里安构成在运动鞋设计中的运用

4. 民族文化传统

当今世界鞋服设计非常注重对民族风格的挖掘，民间、民族服装已经成为鞋服艺术的重要组成部分，它极大提高了现代鞋服的艺术水平。

绘画艺术能丰富鞋服造型，反过来民族鞋服造型的风格也影响着绘画艺术，马蒂斯、毕加索等都曾经研究了12世纪罗马尼亚的民间艺术以及非洲的民族服饰，并且作为他们在创作时的借鉴与参考。民间、民族鞋服上艳丽的色彩对印象主义绘画的色彩表现手法也产生了一定的影响，各国的艺术博物馆也都收集、展示传统的民间民族服饰。吸取其精华，结合时代流行趋势，创造出独具风格的鞋类作品已被越来越多的鞋类设计师所重视，从而可以使这一宝贵的艺术财富在鞋类产品中得到传承，如图2-41所示。

图2-41　传统文化元素在运动鞋设计中的运用

　　表现民族风格的服装越来越受到人们的关注，民间风格的最大特点就是个性的体现，通过对民间艺术的挖掘，取其精华，以时代流行的共性去再现其个性美，已被国际设计师们所重视和发现。

　　5. 文字语言、文学、诗歌、音乐等

　　鞋类的表现精髓在于通过外在的形象展示内在的美。由于消费者的年龄、性别、性格特征、社会地位、文化修养以及穿着场合的不同，需要有不同造型的鞋类产品。文字语言、诗歌能从思想感情上得到情调的启示；借鉴音乐能充分表现鞋类造型的韵律、节奏感；文字艺术能为设计师提供丰富的灵感；借鉴服饰纺织能使鞋类产品与服装的搭配更加协调。

　　设计构思要求设计者有开阔的思路，丰富的想象力。这些都应建立在设计构思的特定方向和原则的基础上。我们可以通过色彩展开法、联想展开法、适应的再现法、灵感的再现法、信息综合等方法进行构思，应用逻辑思维的形象去寻找新的、独特的表现方法。

第四节　鞋样设计基本法则

　　形式美的产生源自于人们长期的生产、生活实践，形式美构成法则是人们对事物形式美构成规律的总结。我们研究形式美构成法则，是为了提高对事物形式美的把握和创造能力，以便更好地运用运动鞋造型要素，创造出更具美感和个性的运动鞋产品。

　　鞋样造型设计形式构成法则主要有对比法则、对称法则、均衡法则、呼应法则、节奏法则、协调法则、重复法则和夸张法则等。

一、对比法则

形式美中的对比是指形态、色彩、肌理、大小、明暗、虚实等形式因素在性质上存在较大差异，这种差异使形式构成呈现出一种对比强烈、鲜明、活泼的效果，是鞋样造型设计中常用的一种形式构成法则，多用于童鞋、跑鞋、时装鞋、前卫鞋等鞋类产品中。在鞋样造型设计中，形式对比法则主要表现为以下几个方面：

1. 色彩对比

色彩对比在运动鞋造型设计中运用较多，尤其在童鞋、运动鞋中运用最普遍。色彩对比一般表现在色相对比（冷色相与暖色相）、纯度对比（灰色与高纯度色）、明度对比（亮色与暗色）和无彩色系的黑白对比，如图2-42所示。

图2-42　色彩对比

2. 材质对比

材质在造型设计中指的是一种质感或肌理。材料肌理在鞋样设计及产品消费中常发挥重要的审美作用，肌理实质是材料表面组织结构的特征。根据经验，人们对不同肌理会产生不同的心理感受，如漆革的光滑给人以现代感，绒面革肌理给人以温和、含蓄的感觉等。这些材质穿插使用会有别致的效果，如图2-43所示。

另外，材质对比还有性质上的对比，即不同材料在一起的对比，如皮革与金属、皮革与塑料、皮革与棉麻、皮革与木头等。

图2-43　材质对比

3. 形态对比

形态对比在鞋样设计中主要是指部件造型、图案、线条的对比，还有线型的大小、方圆、疏密、曲直、长短、粗细、横竖等方面的对比，如图2-44所示。

图2-44　形态对比

二、对称

对称是指形态、图案、色彩等因素在物体对称轴两侧或中心点四周，以完全对等的面貌出现。人们对对称美的欣赏是因为对称在自然界中意味着圆满和完整，对称具有稳定、完整、庄严的感觉。由于人的单脚在形体上不对称，反映到鞋的形态上便无法产生严格意义的对称，鞋类产品在体量上无法做到两侧对称，但在局部部位的样板设计和制取上是对称的，如鞋舌、包头、鞋耳、后包跟等。

根据日常经验，虽然鞋的形体不是严格对称，但只要鞋耳等在背中线两侧相等，人们就感觉是对称的，如图2-45所示。实际上，人们很少从正前方角度观察鞋，因此，除非在结构、图案、色彩等方面有大的变化，否则人们对鞋的对称性并不敏感。

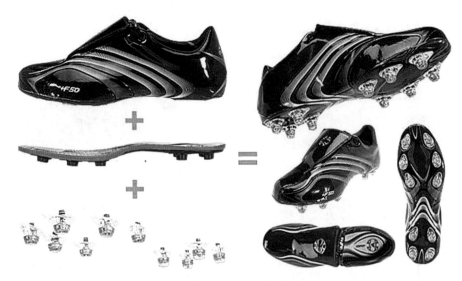

图2-45　对称法则在运动鞋设计中的应用

三、均衡

均衡是指形态、图案、色彩等因素在物体对称轴两侧或中心点四周的形状、大小、数量、位置等有一定变化，但总体上看这些因素给人在视觉、心理上的感觉是平衡的，均衡法则在运动鞋上的应用如图2-46所示。在鞋样造型构成中，均衡形式一般是通过下列几个方面来体现：

图2-46　均衡法则在运动鞋上的应用

①帮部件的形状、大小、数量构成鞋类产品上的一种均衡，一般外侧部件大一些、多一些。

②装饰工艺表现的数量、位置构成鞋类产品上的一种均衡。

③色彩、造型的强弱、大小构成鞋类产品上的一种均衡。

四、呼应

事物在一定空间里存在一种相互联系、相互照应的关系，我们称之为呼应。在鞋样造型上呼应表现为某种造型要素不是一种孤立的存在，而是在同一只鞋上出现相同或相似的造型要素。这种呼应在鞋样造型设计中通常表现为色彩呼应、材质呼应、形态呼应、图案呼应和装饰工艺的呼应。

呼应法则在实际应用中要注意两点：一是呼应双方要保持一定距离，比较好的呼应位置安排一般是在鞋类产品的两端，如前包头与后包跟，或是鞋靴的口沿处和鞋底部的呼应，也可以是中间位置与运动鞋四边的某一位置呼应；二是呼应双方在面积大小方面要拉开距离，这样视觉上有变化，感觉会更好一些，如图2-47所示。

五、节奏

节奏原本为音乐的专用名词，是音乐的构成要素之一。这种有规律、反复出现的形式同样存在于其他事物和艺术门类中。因此它也经常被用于其他艺术门类的形式构成中。

图2-47 呼应法则的应用

节奏是指事物的构成因素在大与小、强与弱、轻与重、多与少、长与短、虚与实、明与暗、硬与软、曲与直等方面有规律和有秩序地变化。鞋样造型设计中的节奏主要是通过构成要素的形态（点、线、面）和色彩在大小、强弱、多少、明暗、长短、曲直等方面有规律、有秩序的变化来形成。节奏形式法则能使鞋类款式显得活泼、有动感，因此，节奏形式法则适合于童鞋、运动鞋、休闲鞋等鞋类，如图2-48所示。

图2-48 节奏法则的应用

六、协调

协调是指事物间的一种和谐状态。反映在鞋样造型设计上，是形态（点、线、面、体）、色彩、图案保持一种相似关系。例如，舌式鞋前帮盖前面造型与鞋楦头式造型的协调，浅口鞋口门前的造型与鞋楦头式的协调，如图2-49所示。

图2-49 协调法则的应用

通常情况下，鞋样造型设计中的协调有以下几方面：

①整体与局部协调：帮部件造型与鞋靴整体造型的协调，配件造型与鞋靴整体造型的协调，图案（形）与鞋靴鞋整体造型的协调。

②形态局部与局部协调：运动鞋、旅游鞋、休闲鞋等鞋类部件间的造型经常需要一种协调，有时配件造型也与帮部件构成一种协调。

③色彩的协调：在休闲鞋中色彩协调法则运用最广，一般多为咖啡色系的协调。

七、夸张

夸张是指设计师发挥其想象力，对运动鞋进行一种超乎寻常的设计，以增强视觉冲击力。夸张形式构成法则常用于前卫鞋、时装鞋。夸张设计多表现在对形态（集中于鞋头结构造型、鞋跟造型）、图案和配件等要素的运用。运用夸张法则应注意不能对鞋靴实用功能造成影响，要在对使用、经济、工艺等各方面因素综合考虑下进行适当的夸张，如图2-50所示。

图2-50　夸张法则的应用

八、强调

强调形式构成法则是设计师运用一定方法强化某个部位使之成为视觉中心，以达到一种强调目的。在鞋样设计中，运用强调法则多为了强调品牌、标志的突出。一般表现手法是将品牌标志作为一个"点"，其余部分是面和线，为了提高这个"点"（品牌标志）的视觉吸引力，将"点"周围的帮面处理简洁，然后再将"点"的形状、色相、明度、纯度、质感与周围

图2-51　强调法则的应用

环境拉大，使之产生对比反衬效果，从而达到使"点"鲜明、突出的效果，如图2-51所示。

九、流行

鞋靴流行性主要表现在它的外观造型和色彩上。流行的形式内容主要有鞋靴头式（楦头造型）、材料（肌理、质地、纹样）、结构式样、色彩等。鞋样设计流行法则是对鞋样造型中某种要素流行倾向的把握，鞋类设计师将这种流行趋势表现到设计的鞋款中，如图2-52所示。

图2-52　流行法则的应用

十、创新

鞋样造型设计形式构成法则中的创新法则是最高法则。没有创新，设计将不复存在，创新使造型设计有了更高价值。创新法则离不开对其他形式法则的运用。当然，鞋类创新设计是在一定条件下针对特定对象的创新，否则它就是无意义的创新了。具有保健功能的运动鞋如图2-53所示，即是创新法则的应用。

图2-53　创新法则的应用

第五节　鞋样设计色彩基础

自然界中的颜色可以分为无彩色和有彩色两大类。无彩色指黑色、白色和各种深浅不一的灰色，而其他所有颜色均属于有彩色。

一、色彩三属性

1. 色相

色相也叫色泽，是颜色的基本特征，反映颜色的基本面貌。

有彩色就是包含了彩调，即红、黄、蓝等几个色族，这些色族便叫色相。彩调为色彩调子的简称。

最初的基本色相为红、橙、黄、绿、蓝、紫。在各色中间加插一两个中间色，其头尾色相，按光谱顺序为红、橙红、黄橙、黄、黄绿、绿、绿蓝、蓝绿、蓝、蓝紫、紫、红紫。红和紫中再加个中间色，可制出12个基本色相。

2. 纯度

纯度也叫色彩的饱和度或彩度，指颜色的纯洁程度。

一种色相彩调也有强弱之分。以正红来说，有鲜艳无杂质的纯红，有涩而像干残的"凋玫瑰"，也有较淡薄的粉红。它们的色相都相同，但强弱不一，一般称为彩度或色品。纯度常用高低来指述，纯度越高，色越纯、越艳；纯度越低，色越涩、越浊。纯色是纯度最高的一级。

3. 明度

明度也叫亮度，体现颜色的深浅。

谈到明度，宜从无彩色入手，因为无彩色只有一维，好辨认得多。如图2-54中最亮是白色，最暗是黑色，以及黑白之间不同程度的灰，都具有明暗强度的表现。若按一定的间隔划分，就构成明暗尺度。有彩色即靠自身所具有的明度值，也靠加减灰、白调来调节明暗。

二、色相对比的基本类型

两种以上色彩组合后，由于色相差别而形成的色彩

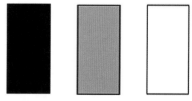

图2-54　无彩色对比

对比效果称为色相对比。它是色彩对比的一个根本方面，其对比强弱程度取决于色相之间在色相环上的距离（角度），距离（角度）越小对比越弱，反之则对比越强。

1. 零度对比

①无彩色对比：无彩色虽然无色相，但它们的组合在实用方面很有价值。如黑与白、黑与灰、中灰与浅灰，或黑与白与灰、黑与深灰与浅灰等。对比效果感觉大方、庄重、高雅而富有现代感，但也易产生过于素净的单调感。

②无彩色与有彩色对比：如黑与红、灰与紫，或黑与白与黄、白与灰与蓝等。对比效果感觉既大方又活泼，无彩色面积大时偏于高雅、庄重，有彩色面积大时活泼感加强。

③同类色相对比：指的是一种色相的不同明度或不同纯度变化的对比，俗称同类色组合。如蓝与浅蓝（蓝+白）对比，绿与粉绿（绿+白）与墨绿（绿+黑）等对比。对比效果统一、文静、雅致、含蓄、稳重，但也易产生单调、呆板的弊病。

④无彩色与同类色相比：如白与深蓝与浅蓝、黑与橘与棕等对比，其效果综合了②和③类型的优点。感觉既有一定层次，又显得大方、活泼、稳定。

2. 调和对比

①邻近色相对比：色相环上相邻的 2~3 色对比，色相距离为30°左右，为弱对比类型，如红橙与橙与黄橙色对比等。效果感觉柔和、和谐、雅致、文静，但也感觉单调、模糊、乏味、无力，必须调节明度差来加强效果。

②类似色相对比：色相对比距离约60°，为较弱对比类型，如红与黄橙色对比等。效果较丰富、活泼，但又不失统一、雅致、和谐的感觉。

③中度色相对比：色相对比距离约90°，为中对比类型，如黄与绿色对比等。效果明快、活泼、饱满、使人兴奋，感觉有兴趣，对比既有相当力度，但又不失调和之感。

3. 强烈对比

①对比色相对比：色相对比距离约120°，为强对比类型，如黄绿与红紫色对比等。效果强烈、醒目、有力、活泼、丰富，但也不易统一而感杂乱、刺激，造成视觉疲劳。一般需要采用多种调和手段来改善对比效果。

②补色对比：色相对比距离180°，为极端对比类型，如红与蓝绿、黄与蓝紫色对比等。效果强烈、炫目、响亮、极有力，但若处理不当，易产生幼稚、原始、粗俗、不安定、不协调等不良感觉。

三、有关色彩的视觉心理基础知识

1. 色彩的冷暖感

色彩本身并无冷暖的温度差别，是视觉色彩引起人们对冷暖感觉的心理联想。

暖色：人们见到红、红橙、橙、黄橙、红紫等色后，马上联想到太阳、火焰、热血等物象，产生温暖、热烈、危险等感觉。

冷色：人们见到蓝、蓝紫、蓝绿等色后，则很易联想到太空、冰雪、海洋等物象，产生寒冷、理智、平静等感觉。

2. 色彩的轻重感

这主要与色彩的明度有关。明度高的色彩使人联想到蓝天、白云、彩霞及许多花卉，还有棉花、羊毛等，产生轻柔、飘浮、上升、敏捷、灵活等感觉。明度低的色彩易使人联想钢铁、大理石等物品，产生沉重、稳定、降落等感觉。

3. 色彩的软硬感

其感觉主要也来自色彩的明度，但与纯度也有一定的关系。明度越高感觉越软，明度越低则感觉越硬，但白色反而软感略高。明度高、纯度低的色彩有软感，中纯度的色也呈柔感，因为它们易使人联想起骆驼、狐狸、猫、狗等动物的皮毛，还有毛呢、绒织物等。高纯度和低纯度的色彩都呈硬感，如它们明度又低则硬感更明显。色相与色彩的软、硬感几乎无关。

4. 色彩的轻重感觉

各种色彩给人的轻重感不同，我们从色彩得到的重量感是质感与色感的复合感觉。例如两个体积、重量相等的皮箱分别涂以不同的颜色（图2-55），然后用手提、目测两种方法判断木箱的重量。结果发现，仅凭目测难以对重量做出准确的判断，可是利用目测木箱的颜色却能够得到轻重感。浅色密度小，有一种向外扩散的运动现象，给人分量轻的感觉；深色密度大，给人一种内聚感，从而产生分量重的感觉。

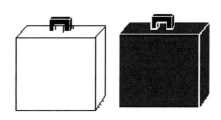

图2-55　色彩的轻重感觉

5. 色彩的大小感

由于色彩有前后的感觉，因而暖色、高明度色等有扩大、膨胀感，冷色、低明度色等有显小、收缩感。

6. 色彩的华丽与质朴感

色彩的三要素对华丽及质朴感都有影响，其中纯度关系最大。明度高、纯度高的色彩丰富，强对比的色彩感觉华丽、辉煌。明度低、纯度低的色彩单纯，弱对比的色彩感觉质朴、古雅。但无论何种色彩，如果带上光泽，都能获得华丽的效果，如图2-56所示。

（a）高饱和度、高亮度　　　　（b）低饱和度　　　　（c）低饱和度、高亮度

图2-56　色彩的华丽、质朴感

7. 色彩的活泼与庄重感

暖色、高纯度色、丰富多彩色、强对比色感觉跳跃、活泼、有朝气；冷色、低纯度色、低

明度色感觉庄重、严肃。

8. 色彩的兴奋与沉静感

其影响最明显的是色相，红、橙、黄等鲜艳而明亮的色彩给人以兴奋感，蓝、蓝绿、蓝紫等色使人感到沉着、平静。绿和紫为中性色，没有这种感觉。纯度的关系也很大，高纯度色使人有兴奋感，低纯度色使人有沉静感。

9. 色彩的膨胀与收缩

比较一黑一白两个颜色而体积相等的正方形（图2-57），可以发现有趣的现象，即大小相等的正方形，由于各自的表面色彩相异，能够赋予人不同的面积感觉。白色正方形似乎较黑色正方形的面积大。这种因心理因素导致的物体表面面积大于实际面积的现象称"色彩的膨胀性"，反之称"色彩的收缩性"。给人一种膨胀或收缩感觉的色彩分别称"膨胀色""收缩色"。色彩的胀缩与色调密切相关，暖色属膨胀色，冷色属收缩色。

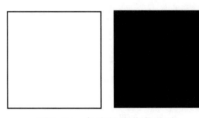

图2-57　色彩的膨胀与收缩

10. 色彩的前进性与后退性

如果等距离地看两种颜色，可给人不同的远近感。如黄色与蓝色以黑色为背景时（图2-58），人们往往感觉黄色距离自己比蓝色近。换言之，黄色有前进性，蓝色有后退性。较底色突出的前进性的色彩称"进色"；较底色暗淡的后退色彩称"退色"。

图2-58　色彩的前进性与后退性

一般而言，暖色比冷色更富有前进的特性。两色之间，亮度偏高的色彩呈前进性，饱和度偏高的色彩也呈前进性。但是色彩的前进与后退不能一概而论，色彩的前进、后退与背景色密切相关。如在白背景前（图2-59），属暖色的黄色给人后退感，属冷色的蓝色却给人向前扩展的感觉。

图2-59　色彩的前进性与后退性

四、色彩的表现手法

人的色感可用色彩三属性——色调、亮度、饱和度表示。不过三属性毫无差异的同一色彩会因所处位置、背景物不同而给人截然相反的印象。我们以蓝色编织物和蓝色木地板为例，如图2-60所示，假定它们的三属性相同，但在观赏者的眼中，编织物的色彩与木地板的色彩毫无共同之处。这种现象称为"色彩的表现形式"。

色彩的表现形式包括面色、表面色、空间色等。面色又称"管窥色"，像天空色彩平平展展，缺乏质感，给人柔软的感觉，如图2-61所示。

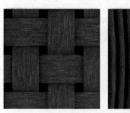

（a）编织物　　　（b）木地板

图2-60　色彩的表现形式

表面色指色纸等物体的表面色彩。表面色依距离远近给人不同的质感。如图2-62中是同一张纸，取了远近距离不同的位置。两张图看起来有点明暗程度不同的感觉，远距离的看起来颜色要深一些。

空间色又称"体色"，似充满透明玻璃瓶中的带色液体，是指弥漫空间的色彩。此外，还有表面光泽、光源色等。

图2-61　天空色彩的表现

（a）远距离　　　　（b）近距离

图2-62　物体的表面色彩

五、鞋样设计常用色彩的表现特征

1. 红色

红色的波长最长，穿透力强，感知度高。它易使人联想起太阳、火焰、热血、花卉等，感觉温暖、兴奋、活泼、热情、积极、希望、忠诚、健康、充实、饱满、幸福等，有向上的倾向，但有时也被认为是幼稚、原始、暴力、危险、卑俗的象征。红色历来是我国传统的喜庆色彩。深红及带紫味的红给人感觉是庄严、稳重而又热情的色彩，常见于欢迎贵宾的场合。含白的高明度粉红色则有柔美、甜蜜、梦幻、愉快、幸福、温雅的感觉，几乎成为女性的专用色彩，红色的应用如图2-63所示。

2. 橙色

橙与红同属暖色，具有红与黄之间的色性，它使人联想起火焰、灯光、霞光、水果等物象，是最温暖、响亮的色彩。感觉活泼、华丽、辉煌、跃动、炽热、温情、甜蜜、愉快、幸福，但也有疑惑、嫉妒、伪诈等消极倾向性表情。含灰的橙呈咖啡色，含白的橙呈浅橙色，俗称血牙色，橙色本身是服装中常用的甜美色彩，也是众多消费者特别是妇女、儿童、青年喜爱的服装色彩。橙色的应用如图2-64所示。

图2-63　红色的应用

图2-64　橙色的应用

3. 黄色

黄色是所有色相中明度最高的色彩，具有轻快、光辉、透明、活泼、光明、辉煌、希望、功名、健康等印象。但黄色过于明亮而显得刺眼，并且与它色相混即易失去其原貌，故也有轻薄、不稳定、变化无常、冷淡等不良含义。含白的淡黄色感觉平和、温柔，含大量淡灰的米色或本白则是很好的休闲自然色，深黄色却另有一种高贵、庄严感。由于黄色极易使人想起许多水果的表皮，因此它

图2-65 黄色的应用

能引起富有酸性的食欲感。黄色还被用作安全色，因为它极易被人发现，如室外作业的工作服。黄色的应用如图2-65所示。

4. 绿色

在大自然中，除了天空和江河、海洋，绿色所占的面积最大，草、叶植物，几乎到处可见，它象征生命、青春、和平、安详、新鲜等。绿色最适应人眼的注视，有消除疲劳、调节的功能。黄绿带给人们春天的气息，颇受儿童及年轻人的欢迎。蓝绿、深绿是海洋、森林的色彩，有着深远、稳重、沉着、睿智等含义。含灰的绿如土绿、橄榄绿、咸菜绿、墨绿等色彩，给人以成熟、老练、深沉的感觉，是人们广泛选用及军、警规定的服装色。绿色的应用如图2-66所示。

5. 蓝色

蓝色与红、橙色相反，它是典型的寒色，具有沉静、冷淡、理智、高深、透明等含义，随着人类对太空事业的不断开发，它又有了象征高科技的强烈现代感。浅蓝色系明朗而富有青春朝气，为年轻人所钟爱，但也有不够成熟的感觉。深蓝色系沉着、稳定，为中年人普遍喜爱的色彩。其中略带暖昧的群青色充满着动人的深邃魅力，藏青则给人以大度、庄重印象。靛蓝、普蓝因在民间广泛应用，似乎成了民族特色的象征。当然，蓝色也有其另一面的性格，如刻板、冷漠、悲哀、恐惧等。蓝色的应用如图2-67所示。

图2-66 绿色的应用

图2-67 蓝色的应用

6. 紫色

紫色具有神秘、高贵、优美、庄重、奢华的气质，有时也有孤寂、消极感。尤其是较暗或含深灰的紫，易给人以不祥、腐朽、死亡的印象。但含浅灰的红紫或蓝紫色，却有着类似太空、

宇宙色彩的幽雅、神秘之时代感、为现代生活所广泛采用。紫色的应用如图2-68所示。

7. 黑色

黑色为无色相、无纯度之色。往往给人沉静、神秘、严肃、庄重、含蓄的感觉，另外，也易让人产生悲哀、恐怖、不祥、沉默、消亡、罪恶等消极印象。尽管如此，黑色的组合适应性却极广，无论什么色彩，特别是鲜艳的纯色与其相配，都能取得赏心悦目的良好效果。但是不能大面积使用，否则，不但其魅力大大减弱，相反会产生压抑、阴沉的恐怖感。黑色的应用如图2-69所示。

图2-68　紫色的应用　　　　　　　　　　　　图2-69　黑色的应用

8. 白色

白色给人印象洁净、光明、纯真、清白、朴素、卫生、恬静等。在它的衬托下，其他色彩会显得更鲜丽、更明朗。过多的用白色可能产生平淡无味的单调、空虚之感。白色的应用如图2-70所示。

9. 灰色

灰色是中性色，其突出的性格为柔和、细致、平稳、朴素、大方、它不像黑色与白色那样会明显影响其他的色彩，因此，灰色作为背景色彩非常理想。任何色彩都可以和灰色相混合，略有色相感的含灰色能给人以高雅、细腻、含蓄、稳重、精致、文明而有素养的高档感觉。当然滥用灰色也易暴露其乏味、寂寞、忧郁、无激情、无兴趣的一面。灰色的应用如图2-71所示。

图2-70　白色的应用　　　　　　　　　　　　图2-71　灰色的应用

10. 土褐色

土褐色是含一定灰色的中、低明度各种色彩，如土红、土绿、熟褐、生褐、土黄、咖啡、咸菜、古铜、驼绒、茶褐等色，性格都显得不太强烈，其亲和性易与其他色彩配合，特别是和鲜艳色相伴，效果更佳。也使人想起金秋的收获季节，故均有成熟、谦让、丰富、随和之感。土褐色的应用如图2-72所示。

11. 光泽色

除了金、银等贵金属色以外，所有色彩带上光泽后，都有其华美的特色。金色富丽堂皇，象征荣华富贵，名誉忠诚；银色雅致高贵，象征纯洁、信仰，比金色温和。它们与其他色彩都能配合。几乎达到"万能"的程度。小面积点缀，具有醒目、提神的作用，大面积使用则会产生过于炫目的负面影响，显得浮华而失去稳重感。如若巧妙使用、装饰得当，不但能起到画龙点睛的作用，还可产生强烈的高科技现代美感。高明度、高纯度的色彩呈兴奋感，低明度、低纯度的色彩呈沉静感。光泽色在运动鞋上的应用如图2-73所示。

图2-72　土褐色的应用　　　　　　　图2-73　光泽色的应用

第六节　鞋样配色法则

任何颜色绝不会单独存在，事实上一个颜色的效果是由多种因素来决定的：反射的光，周边搭配的色彩，或是观看者的欣赏角度等。因此鞋样设计需多考虑色彩的协调性、对比性和类比性等。

在鞋样色彩设计中大概有10种基本的配色设计，分别称无色设计、类比设计、冲突设计、互补设计、单色设计、中性设计、分裂补色设计、原色设计、二次色设计以及三次色三色设计，如图2-74所示。

无色设计
不用彩色，只用黑、白、灰色。

类比设计
在色相环上任选三个连续的色彩或者任一明色和暗色。

冲突设计
把一个颜色和它补色左边或右边的色彩配合起来。

互补设计
使用色相环上全然相反的颜色。

单色设计
把一个颜色和任一个或它所有的明、暗色配合起来。

中性设计
加入一个颜色的补色或黑色使它色彩消失或中性化。

分裂补色设计
把一个颜色和它补色任一边的颜色组合起来。

原色设计
把纯原色红、黄、蓝色结合起来。

二次色设计
把二次色绿、紫、橙色结合起来。

三次色三色设计
下面两个组合中的一个：红橙、黄绿、蓝紫或是蓝绿，黄橙、红紫色。

图2-74 鞋样设计10种基本配色

第三章
运动鞋设计方法

运动鞋设计是一种创造性活动，是创新的过程。在创造过程中既有逻辑思维，也有非逻辑思维。设计是感性与理性的结合，但它并不是没有规律可循的。下面介绍运动鞋设计中常用的设计方法。

第一节　定点设计法

定点设计法作为一种设计方法，是以列举的方式把重要问题强调出来，有针对性地进行解决。这种方法主要是使设计师克服自己感知不足的障碍，迫使设计师带着一种新奇感将事物的细节列举出来，使其尽量清楚所要达到的具体目的和指标要求。定点法作为一种常用的设计方法，属于较为直接的方法，它主要包括特性列举法、希望点列举法、缺点列举法等。

一、特性列举法

特性列举法是指通过抓住产品最基本元素的特征，并以此为起点分析对产品进行改进的可能性，从而寻找到改进的目标，引导出各种解决的方法。

一般来说，要着手解决或革新的问题越小，越容易获得成功，如果问题界定得过于宽泛，将难以对创新点进行必要的集中，结果产品将很难具有满意的解决方案。如运动鞋等较厚的鞋子刷洗之后不易晒干，针对这个问题设计了专门烘干运动鞋的烘鞋机，如图3-1所示。又如要改进汽车，即便是采用智力激励法也难以得到全新的概念，原因是汽车涉及面太宽。如果我们只革新其中的一个或几个部分，就可能使汽车

图3-1　伊莱克斯烘鞋机

整体性能发生改变，这样做对于汽车的改造来说就更容易获得成功。

特性列举法的一般过程如下：

①选择一个明确的需要进行设计的问题，以运动鞋为例，选定问题以后，首先要列举出发明或革新对象的属性，设计对象的特性一般可以从以下几个方面入手：

种类（篮球鞋、跑鞋、休闲鞋等）、功能（舒适性、减震性能、保护性等）、造型（主要指运动鞋的部件结构）、色彩（流行色、大众色、高雅色等）、材料（主要是指材料的成分和质感）。

②从设计对象所列举的各个特性出发，通过提问的方式来诱发创新思想和实现方式。如：

运动鞋洗后不容易晒干，针对这个问题我们如何解决呢？

方案1：改进材料（如选用高分子材料、轻薄耐用的纳米材料等，但成本较高）。

方案2：设计成可拆卸的方式（方式比较新颖，有看点，而且还可以设计成可更换帮面的形式）。

方案3：用烘干机可以解决（成本高，又浪费资源，不符合低碳生活的发展趋势）。

根据各方案的优缺点，最终选择方案 2，那么接下来就涉及如何实现的问题了。

实现方法：一是通过拉链的结合方式来实现；二是通过结扣和其他方式来实现。

拉链对穿着和防水性能有影响。

拆卸方式有全拆卸、半拆卸或局部拆卸；帮面可拆卸还是鞋底可拆卸等。如图3-2所示为鞋底可局部更换的运动鞋。

图3-2 鞋底可局部更换的运动鞋

二、希望点列举法

希望点列举法是指通过把产品希望具有的属性列举出来，然后根据主、客观条件，确定设计的方向。由于希望点列举法是从实际的意愿出发，提出各种希望设想，故在开发具有某些特定功能的全新产品时，很少或完全不受已有物品的束缚，这便为设计师提供了广阔的创造性思维空间。

用这种方法进行设计的时候，可以召开一个小型的会议，有针对性地发动与会者列举希望点，会后将希望点进行整理，经过分析选出若干希望点来进行研究。

在现实生活中，许多产品的出现都是由于人的"希望"导致产生的。如人们希望电风扇能吹出一阵阵风，于是便有摇头的电扇；人们希望伞可以放进提包里，于是便有了折叠式的伞；人们希望洗衣服不需要费力拧干，于是就有了甩干机等。人们希望所穿的鞋子可以治疗疾病，那么我们可以结合传统的针灸设计相关的运动鞋，如图3-3所示具有保健功能的鞋。

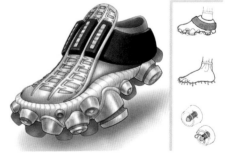

图3-3 具有保健功能的鞋

三、缺点列举法

它是希望点列举法的一个变形形式。任何产品进入市场后，会暴露出一定的缺点或问题，我们把这些需要改进的产品作为对象，把它们的缺点一一列举出来，然后从其中选择一个或几个进行改进，从而创造出新的产品，这种方式往往能对现有产品做出很好的改良。另外，在生活或工作中发现的实际问题，也可以激发创造出新的产品。

缺点列举法起源于日本，是由一个叫鬼冢八郎的人发明的。当时他听朋友说："今后体育大发展，运动鞋是不可缺少的。"这句听起来很普通的话，鬼冢八郎却另有一番思考，他决定加入生产运动鞋这一行业。他想：要在运动鞋制造业中打开局面，一定要做出其他厂家没有的新型运动鞋。然而，他一无研究人员，二又缺乏资金，不可能像大企业那样投入大量的人力和资金去研制新产品。但是他想：任何商品都不会是完美无缺的，如果能抓住哪怕是针眼大的小缺点进行改革，也能研制出新的商品来。于是，他选了篮球运动鞋来进行研究。他先访问优秀的篮球运动员，听他们谈目前篮球鞋存在的缺点。几乎所有的篮球运动员都说："现在的球鞋容易打滑，止步不稳，影响投篮的准确性。"他便和运动员一起打篮球，亲身体验这一缺点，然后就开始围绕篮球运动鞋容易打滑这一缺点进行革新。有一天他在吃鱿鱼时，忽然看到鱿鱼的触足上长着一个个吸盘，他想：如果把运动鞋底做成吸盘状，不就可以防止打滑吗？于是，他就把运动鞋原来的平底改成凹底。试验结果证明：这种凹底篮球鞋比平底鞋在止步时要稳得多。鬼冢八郎发明的这种新型凹底篮球鞋问世了，成为独树一帜的新产品。

也可以采用缺点逆用法。所谓缺点逆用法就是针对对象事物中已经发现的缺点，不是采用改正缺点，而是从反面考虑如何利用这些缺点，从而达到变害为利的一种创造方法。

实际上，人们日常生活中的每一件物品都存在一些缺陷，只要对这些缺陷加以充分重视，并以此为创新的起点，一定会为企业带来良好的经济效益。例如，随着科技的进步，现在的运动鞋质量得到了提高，在日常生活中，我们发现往往运动鞋的鞋底都已经磨平了，但帮面依然完好（特别是运动员和运动量大的人员），针对这个问题，我们是否可以设计一种可以更换鞋底的运动鞋呢？如图3-4所示。

"李宁弓"针对"奥尼尔"的身材、体重进行结构的改进。"李宁弓"专业减震科技是利用拱形的受压变形有效缓解压力的原理进行研发的，整个减震结构的定型与材料的选择耗费了研究人员大量的时间和精力。尤其是在材料的选择上，"李宁弓"减震系统是由弓形部件、抗拉弦部件和 PU 支撑三大部件组成，如图3-5、图3-6所示。

图3-4　可更换鞋底的运动鞋

图3-5　改进前的"李宁弓"

图3-6　改进后的"李宁弓"

"李宁弓"也针对跑鞋改良了一组"全掌弓"系统，是首次在运动鞋全掌使用弓技术，分为后跟弓与前掌弓，如图3-7所示。后跟弓能够缓冲后跟的冲击力，适度回弹并将能量通过后跟传导到前掌。前掌弓由30个小弓组成，分别与 5 根弦匹配，能够对前掌需要弹性的各个独立位置进行独立的调节，大大增强了跑鞋的减震性和舒适性。

图3-7 李宁"全掌弓"跑鞋

第二节 组合设计法

组合设计法是创造性设计的创新方法之一，组合的过程就是把原来互不相关的或者相关性不强的，或者是相关关系没有被人们认识到的产品、原理技术、材料、方法、功能等整合在一起的过程。

一、主体附加型组合

主体附加型组合是以原有产品为主体，在其上添加新的功能或形式，它以一种"锦上添花"的方式，在原本已经为人们所熟悉的事物上利用现有的其他产品为其添加若干新的功能，为其带来新的亮点，使产品更具生命力。

这类设计方法适用于那些未曾进行附加改动之前，已经得到人们的广泛认可和使用的产品，但是在人们的潜意识仍然渴望它们有更好的表现。如自鸣式不锈钢开水壶，为了强调幽默感，设计师将壶嘴的自鸣哨设计成小鸟的式样，此产品通过对传统水壶增添附加结构，产生了烧水以外的提示功能，也消除了许多安全隐患。又如休闲鞋在雨雾天气的地面容易打滑，设计师们就设计了可以防滑的鞋套，如图3-8所示。

图3-8 防滑鞋套

二、异类组合

异类组合是指将两个相异的事物统一成一个整体，从而得到新的事物。异类组合在设计中运用也很普遍，成功的异类组合产品总有着巧妙的创意和构思，如将电脑芯片与运动鞋相结合就产生了智能运动鞋，如图3-9所示。

图3-9 智能运动鞋

在设计中异类组合法的运用都是以给人们带来新的使用方式的可能性为基础的。它或是将产品的功能进行加减，或是对产品的外形进行加减，满足了人们的需要，同时帮助人们节省了时间、空间或费用的支出。这在商业化设计的今天极受厂家的欢迎。

三、同类组合

同类组合是指把若干个同一类事物组合在一起，它与异类组合相反。它就像"搭积木"，使同类产品既保留了自身的功能和外形特征，又相互契合，紧密联系，为人们提供了操作和管理的便利。

使用同类组合设计法最典型的例子就是组合家具的设计。通过对各种家具进行结构上的改进与联系，使组合家具既利于组合又便于拆卸，使用率和有效性大大超过了传统家具。运动鞋的组合设计，比如将运动鞋与袜子相结合就产生了具有内靴的运动鞋，增强了舒适性，如图3-10所示；再如将运动鞋与高跟鞋相结合就产生高跟运动鞋，如图3-11所示。

图3-10　具有内靴的运动鞋

图3-11　高跟运动鞋

四、组合的一般规律

在进行设计时，采用组合法时都是以改进现有产品的不足，同时不影响其原来个体的功能为目的，即在功能上应该是1+1≥2，在结构上应该是1+1≤2。如果两物组合后，同时产生异化，从而产生了第三种功能，这就是一种高级的组合，这是一个很值得研究的方向，这种"组合异化"现象是设计学的一种发展。

因此，在使用组合设计时，一般从以下几个方面入手：

①把不同的功能组合在一起而产生新的功能，如运动鞋与电脑芯片组合成为智能运动鞋。

②把两种不同功能的东西组合在一起增加使用的方便性，如运动鞋与轮子组合成为滑轮鞋，如图3-12所示。

图3-12　滑轮鞋

③把小部件放进大部件里，不增加其体积，如运动鞋与增高鞋垫组合成为内增高运动鞋，使运动鞋也具有高跟鞋的功能。

综上所述，组合设计法是设计中有效的创新手段之一，它可以为设计带来许多新功能。它在整合产品或建立产品系统性的同时，增强了原有产品的功能，同时又方便了人们的使用和管理，节约了时间、空间或费用。

第三节　头脑风暴法

头脑风暴法是一种典型的直觉式创意方法，又称智力激励法。它强调激发设计组全体人员的智慧。这种方法通常是通过一种特殊的小型会议，与会人员围绕产品功能与结构等问题展开讨论。参与的人互相启发、激励，通过相互间的互补，引起创造性设想的连锁反应，从而产生众多的创意方案。在讨论的过程中，无须过多强调实现的技术条件，而是着眼于产品创意本身。

头脑风暴法的目的在于针对设计项目的各个方面展开设计原则和设计大方向的讨论，以求得更广泛的想法，理想的结果是罗列出所有可能的解决方案。虽然在实际过程中要实现全面考虑问题是不容易的，但是通过这种具体的智慧得到的结果相比个人而言，在其广泛性、深刻性等方面自然具有较大的优势。

由于头脑风暴法是运用集体的智慧去解决问题，因此相对于个人有很大的优势。在采用头脑风暴法进行创意讨论时，常用的手段是递进法，即首先提出一个大致的想法，大家在此基础上通常引申、次序调整、换元、反向、同类置换等思维方式逐步深入；而且思绪跳跃发展，由于不受任何限制的构思引发出新的想法，思维方向多样，跨度较大。大家在讨论的过程中都充分发挥自己的想象力，因此，才可能在短时间内产生大量有创造性的、高水准的设计创意。

头脑风暴法大致可以分为准备和召开小型会议两步。

一、准备

因为头脑风暴法是以召开小型会议的方式进行的，因此，在会前应先确定好所要攻克的目标，并将其事先通知与会者。如果要解决的问题涉及面太广、包含的因素太多，刚宜先行分解，把大问题分解为若干小问题，然后逐个对每一小问题采用智力激励法，如图3-13所示。

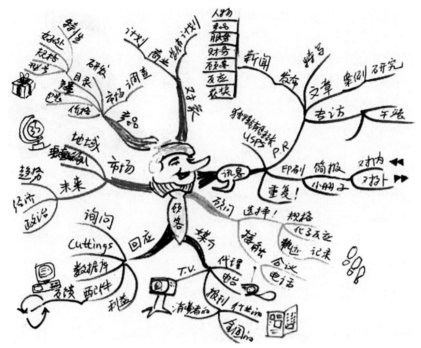

图3-13　针对各个问题的智力激励

目标确实以后，还要物色好会议的主持人。对于主持人，除要求他（她）必须熟悉该技法以外，还要求他（她）能够在具体的情境中适当启发和引导与会者，并能与其共同、平等地分析和对待问题。

二、召开小型会议

小型会议的与会者以 5~10 人为宜，人多了很难使与会者充分发表意见。如果一定需要更多的人参加，则可分别开几个会。会议除主持人宣读创新设计方法及应用外，可另设 1~2 名记录员记录或录音。选择与会成员时，应考虑其专业知识结构，除保证大多数人精通该问题或精通与该问题有关的问题以外，还可适当吸取不同专业人员乃至外行参加。这样做既能保证所提设想的深度，又利于突破专业习惯思想和束缚，可得到独创性较高的设想。

会议时间以 30~45 分钟为宜。由主持人宣布议题后，即可启发、鼓励大家提出设想。会议进行一般应遵守下列一些原则。

①会议气氛要自由奔放。解放思想应是会议的主题，会议提倡随意思考、自由畅谈、任意想象、尽情发挥。想法越新奇越好，因为有时看上去很"荒唐"的设想却可能很有价值。所以，与会者要善于从多种角度甚至反常角度考虑问题，要暂时抛开头脑中已有的各种准则规定、条条框框，甚至还可故意作一些违背传统、逻辑和一般常识的大胆思考。

②严禁批评。在会议上对别人提出的任何想法，都不能批评、不得阻拦。即使自己认为是幼稚的、错误的甚至荒诞离奇的设想，也不加驳斥，同时也不允许自我批判。

③鼓励高产。只鼓励和强调与会者提设想，越多越好，会议以谋取设想数量为主要目标。

④善于用别人的想法开拓自己的思路。召开头脑风暴法小型会议的主旨是创设一种与会者相互激励的情境，与会者在这种氛围中善于向别人学习、接受启迪，正是激励的关键所在。每个与会者均以他人设想激励自己，或补充他人的设想，或将他人的若干设想加以综合后提出自己新的设想等。总之，要充分利用别人的设想诱发自己的创造性思维，使所有的与会者均可相互诱导、相互启发、相互激励，从而促使提出的设想数量在有限的会议时间内尽量增加。

为了保证上述原则的实施，一般对于头脑风暴法会议还应作一些组织上的规定。比如，与会者不论职务高低、不论是权威还是新手、不论资历的深浅、不论外行或内行等，都应一律平等相待；记录员必须对所有设想都进行记录，不允许有所选择和倾向；一般不许与会者私下交谈，以免干扰他人的思维活动等。

头脑风暴法会议严禁批判的做法只是暂时的。会议结束以后，人们总要对众多设想进行评议、分类和选择，并从中找出最有可能实施的设想。但是，在会议进行中则必须严禁批判，只有这样做，才能使人们充分发挥想象力，排除各种因素的干扰，以获得生理安全和心理自由，与会者也不必担心会被人讥讽为疯子、狂人而框住自己的思路。

头脑风暴法是一种有助于集思广益的集体思考方法。当一个人独自思考一件事或一个问题时，其思路常被限制在一定范围而受阻；如果有几个人同时对同一问题进行思考，各人都以自己的知识经验从各自不同的角度认识同一问题，这有利于互相激励、引出联想，产生共振和连锁反应，诱发出更多的设想。该创造方法问世以后，应用比较广泛。因此，在进行较复杂的鞋类设计课题可多运用此法。

第四节 仿生设计法

仿生设计法是基于仿生学的基础上发展起来的。它以仿生学为基础，通过研究自然界生物系统的优异功能、形态、结构、色彩等特征，并有选择性地应用这些原理和特征进行设计。

仿生设计法中要模仿的对象是生物界中神奇的生物，创新者试图使人造产品具有自然界生物的独特功能。自古以来，自然界就是人类各种科学技术原理及重大发明的源泉，这些动植物存在了几百万年，不仅完全适应自然，而且也接近完美。这些自然的"优良设计"，有的机能完备，让人叹服；有的结构精巧，用材合理，符合自然的经济原则；也有的美不胜收，让人爱不释手；有的甚至是根据某种数理法则形成，它合乎"以最少材料"构成"最大合理空间"的要求。人类生活在自然界中，与周围的生物做"邻居"，这些生物具有各种各样的奇异本领，吸引着人们去想象和模仿。人类运用其观察、思维和设计能力，从这些精妙的有机生命形态中，获取灵感，以仿生的方式进行发明创造和产品的创新设计。

德国设计大师路易吉·科拉尼曾说"设计的基础应该来自诞生于大自然的生命所呈现的真理之中"，这句话道出了自然界是蕴含着无尽设计宝藏的天机。现代鞋类设计中，鞋类仿生设计主要表现在以下几个方面。

一、形态的仿生

形态从其再现事物的逼真程度和特征来看，可分为具象形态和抽象形态。是一种比较表面的仿生设计。

1. 具象形态的仿生

具象形态是指透过眼睛构造，以生理的自然反应诚实地把外界之形映入眼睛膜刺激神经后感觉到存在的形态，它比较逼真地再现事物的形态。由于具象形态具有很好的情趣性、可爱性、有机性、亲和性、自然性，人们普遍乐于接受，在运动鞋、日用品设计中应用比较多，如图3-14所示。但如果其形态复杂的话，就不宜在鞋类产品采用具象形态。

图3-14　具象形态的仿生设计

2. 抽象形态的仿生

抽象形态是用简单的形体反映事物独特的本质特征。此形态作用于人时，会产生"心理"形态，这种"心理"形态必需生活经验的积累，经过联想和想象把形浮现在脑海中，那是一种虚幻的、不实的形，但是这个形经过个人主观的喜怒哀乐联想所

图3-15　抽象形态的仿生设计

产生的形变化多端、色彩丰富，这与生理上感觉到的形大异其趣。它是经过大脑思维处理过的形态，表现时重在意象的表达，如图3-15所示。

3. 色彩、肌理的仿生

它是通过模仿色彩、肌理进行创新的一种方法。虽然世界各国军队的服装都是不同样式的，但有一种隐蔽军服，被称之为迷彩服，颜色几乎都是一样的。迷彩服最显著的特征是它的色彩，设计人员考虑到隐蔽的目的，就模仿草、树和土地交叉混合的颜色，于是便诞生了这种隐蔽军服。又如国际市场上蛇皮、鳄鱼、玳瑁壳制造的鞋、包袋、皮带等产品虽很畅销，但一则价格高，二来受动物保护法的限制，不可多得；于是利用模仿创造技法，发明了表面涂饰新工艺，使产品酷似天然材料，美观而价廉，如图3-16所示。

图3-16　色彩、肌理的仿生设计

二、功能、结构的仿生

随着仿生学的深入开展，人们不但从外形去模仿生物，而且从动植物奇特的结构和功能中也得到不少启发，并应用在产品设计中，这是更高层次的仿生设计。

人们在仿生设计中不仅是师法大自然，而且是学习与借鉴他们自身内秉的组织方式与运行模式。例如，蜂巢由一个个排列整齐的六棱柱形小蜂房组成，每个小蜂房的底部由 3 个相同的菱形组成，这些结构与近代数学家精确计算出来的菱形钝角109° 28′ 和锐角70° 32′ 完全相同，是

图3-17　蜂窝减震结构的应用

最节省材料的结构，且容量大、极坚固，令许多专家赞叹不止。人们仿其构造，用各种材料制成蜂巢式的减震结构应用在运动鞋上，增强运动鞋的舒适性和减震性能，如图3-17所示。

三、形态、功能的综合仿生

它是用模仿动植物的结构形态和功能产生新成果的一种方法，是仿生设计的最高层次。以一款外表看来酷似鸭子脚蹼的鞋为例，鞋的各个部分结构紧凑，橡胶鞋底还有波纹图案，据分析是因为鸭掌的面积大，特殊的掌纹使脚底拥有更好的抓地力。鞋的上半部分采用氯丁橡胶，使抓地的脚同时保持灵活性。即便是户外运动、跋山涉水时一般旅游鞋和运动鞋应对不来的小河浅沟，这双鞋子也可以应付自如。由于参考了鸭掌的外观，流水也可以顺畅地通过鞋子表面，结合防水材料的应用而不会弄湿鞋子，在防水的同时，还保证了良好的透气性，如图3-18、图3-19所示。

运用仿生性思维进行设计，不仅创造出功能完备、结构精巧、用材合理、美妙绝伦的产品，而且赋予产品以生命的象征，让设计回归自然，增进人类与自然的统一。学习和利用生物系统的优异结构和奇妙的功能，已经成为技术革新和技术革命的一个新方向。因此，鞋类设计师要学会师法自然的仿生性设计思维，创造人、自然、产品和谐共生的对话平台。

图3-18　仿鸭子的溯溪鞋

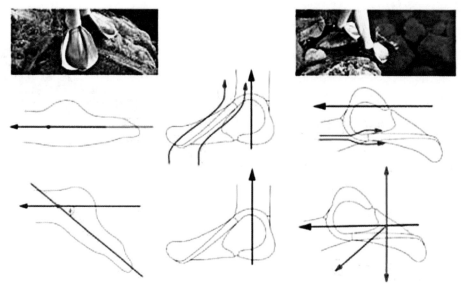

图3-19　溯溪鞋的水流与受力分析

第五节　改良设计法

鞋样改良设计是对鞋样进行适度修良的方法，具有过渡性质，一般属于跟随型的、采用防御策略的企业，为了控制成本，避免过大的研发投入和市场风险，尽量不对产品进行全新设计，只是让设计师在有限的设计空间里展开设计（对设计师来说，这种方法受到成本的限制，在造型、材质和工艺等方面可选择的余地不大）。因此，只有充分运用设计手段，调动各种设计元素和加工手段，在鞋样设计中多用添加法、减少法、组合法和表面处理等方法进行设计，尽量给鞋样的改良带来差异化，增强产品质感、提升档次以提高产品的附加值。

一、鞋样改良设计的概念

一般以一款原样鞋为标准，从原样鞋的缺点入手进行改良，这种改进可以是造型上的、功能上的，也可以是结构上的装饰工艺，但前提是必须保留原样鞋的优点。

二、鞋样改良设计的要求与程序

改良设计同新设计一样也是一种有计划、有步骤、有目标的创造活动，它不同于帮样结构设计，也不是纯艺术创作，它和其他设计一样，是技术与艺术的融合、理性与感性的结合。改良设计包括准备、构思、完善和实施四个阶段。

①准备阶段：主要任务是接受设计任务，明确改良目的，因此在准备阶段必须进行广泛的调查和研究。

要让改良设计能够全面、深入地进行，思路要充分展开，从各个角度了解样鞋的不足之处

（造型、结构、功能、装饰等），然后从不同角度、层次和方位提出各种方案构思。

②鞋样改良构思阶段：是改良创新的最佳时期，设计者应开拓思路，提出各种不同的草图方案，之后对方案进行综合评价（包括技术可行性、人文因素、人机工程学、审美等方面）。

③改良完善阶段：改良构思阶段是创造优秀改良设计的第一个阶段，改良完善阶段则注重鞋样的协调统一和继承样鞋的优点。在这一阶段注重鞋与脚、鞋与环境、鞋与技术、整体与局部造型以及经济性综合的协调统一。

在完善阶段，设计师的具体工作是对已确定的样鞋方案进行完善、细化，结合鞋生产实际，依据功能技术要求，绘制出效果图，然后试制样鞋，以便发现其中的问题并将其加以解决。

我们以 Air Jordan X（AJX）到 Air Jordan XI（AJXI）的改良为例。如图3-20为 Air Jordan X，它是1995年上市的，看上去更加简洁，在设计上已经可以看到现代篮球鞋的一些影子了，帮面有序的织带排列也增强了韵律感。在鞋面上找不到任何一个乔丹和耐克的标志，飞人标志只在鞋底上出现。这使得品牌的标识性不强，在科技上依然使用了内置气垫，鞋带扣采用了松紧带设计，鞋带依然是圆形的，后跟上增加了提鞋用的织带。

图3-20　Air Jordan X

针对 AJX 的现状，AJXI 进行了多方面的改良，AJXI 突破性地采用了漆皮作为鞋面材料，使之成为此后高档篮球鞋的特殊标志。同时首次运用了全掌内置气垫技术，加之在中底采用了全掌碳素纤维承托板，使整双鞋在避震这一项指标中达到了极致。鞋的外底采用人造橡胶压缩成的水晶橡胶，全底为透明色，异常漂亮，帮面设计上重新应用了飞人标志，而且保留了上一代的简洁风格和织带排列的韵律感。加上采用了网状纤维，使得整双鞋的重量大大减轻，AJXI 是

图3-21　Air Jordan XI

Air Jordan 系列中最轻便的一款（图3-21）。AJXI 对于 Air Jordan 系列，甚至是整个篮球鞋的发展绝不仅仅是经典这么简单，业界通常将 AJXI 作为旧式篮球鞋和现代篮球鞋的分水岭，是篮球鞋发展史上最重要的里程碑，对之后整个耐克篮球鞋以及整个篮球鞋业产生了深远的影响。

④实施阶段：是一个将设计转变成样鞋进而批量生产的阶段，设计人员必须了解工艺、结构、材料，以便设计出更加优秀的鞋样。

三、鞋样改良设计步骤

①选定需要改良的样鞋，一般的序列化的运动鞋都存在着改良设计，因为它除了要考虑当下的设计潮流和科技外，还必须继承上一代运动鞋的优点，这样序列化的运动鞋才能充分地延续。当然消费者对上一代运动鞋的怀念，也是促使改良的一个因素。

②分析原样鞋的不足与优点，只有充分认清样鞋的优缺点，才能有针对性地进行改良与继承。

③对不足之处进行改良构思，这个过程很关键，好的改良构思对下一代运动鞋和后续产品将产生深远的影响，甚至影响整个行业，如 Air Jordan XI 就是典型的案例。

④对构思进行完善，这个阶段主要是改良构思的细化和完善阶段，将作为改良鞋款的批量生产指导。

⑤最终方案，这是要求很高也很琐碎的工作，因为这个阶段大到鞋底模具、小到部件工艺多要求有准确、严谨、详细的数据。

第四章——
运动鞋创意与概念设计

随着时代的发展，人们对鞋的需求也发生了巨大变化。新颖时尚的鞋在市场中总能凸显其位置，受消费者的欢迎（图4-1）。欧盟对中国鞋类产品反倾销税的征收和金融风暴的爆发，使各大鞋业公司猛然惊醒，认识到只有提高产品的附加值才有市场竞争力。因此，具有创意的鞋类产品开始被各大鞋业公司所重视。

图4-1　艾弗森篮球鞋设计

第一节　运动鞋创意设计

一、创意设计的概念

创意是神秘的。古往今来，学者们对创意的认识不同，所作的定义也各不相同，一般认为，创意是生产作品的能力；创意是一种挣扎：寻求并解放我们的内在；创意是看到新的可能性，再将这些可能性组合成作品的过程。这些定义都说明了创意包含两个主要的层面："构想"层面与"执行"层面。这两部分为创意的"神秘曲"，既独立又互相联系，它是通过两个步骤进行的——欲望的涌现以及表达这种欲望的方式。

二、鞋样创意设计要素

鞋样设计与其他设计门类有异曲同工之处，因此在进行鞋类产品设计时也应吸取其他门类设计方法，从而设计出更加优秀的鞋类产品。当然鞋样设计有其自身的独特性，首先它是可穿之物，它是依附于人的脚而形成的产品，因此鞋有固定的形态，这种形态千百年来没有本质的变化。所以，鞋的设计其实可以理解为用不同材料对脚进行的一种包装，在包装过程中就要涉及造型设计、材料运用、制作工艺等技术手段的运用，在此基础上进行的创意设计，可以达到足下生辉的效果，如图4-2所示。

图4-2　鞋样创意设计

谈到鞋样的设计，就会相应地联想到设计题材，因为设计不是凭空的，它是设计师根据自己对设计素材的理解而设计出来的，而素材又来自于题材（主题）。因此，在进行鞋样设计之前，必须有明确的题材，这样我们才能集中题材的特征去寻找与之相适应的素材。

（一）鞋样设计题材的确定规律

主要有以下 4 个方面：

①让鞋类抒发怀古、怀旧的情感和抒情浪漫的意趣，即表现古典的设计主体。它常取材于历史题材。

②让鞋类体现异域风情和民族特色，即表现人文的设计主题。它常取材于不同的民族、不同地域的民俗民风等方面。

③让鞋类体现绚丽多姿的风采，即表现田园的设计主题。它常取材于大自然、生物世界等方面。

④让鞋类体现对未来的想象和时代的气息，即表现梦幻、科技的设计主题。它常取材于现代工业、现代绘画、宇宙探索、电子、游戏、动画、建筑等方面。

鞋类设计师应从过去、现在和未来的各个方面挖掘题材，寻求创作源泉，同时还要根据流行趋势和人们思想情趣的变化，选择符合社会需求、具有时尚风格的设计题材，使鞋类产品达到一种较高的艺术境界。

（二）鞋样设计素材

鞋样设计和其他设计一样都需要灵感，而灵感则来自于对素材的感受。设计师只有通过对不同素材的感受和体悟，才能设计出具有独特个性的作品。

根据设计主题确定设计素材的范围主要有以下 8 类：

1. 自然宇宙中的色彩

自然宇宙的色彩涉及很多方面。如宇宙色（宇宙飞行员拍摄的太空色彩）、霞光色、海滨色、沙滩色等，这种素材常用于表现现代梦幻的设计主题，如图4-3所示。

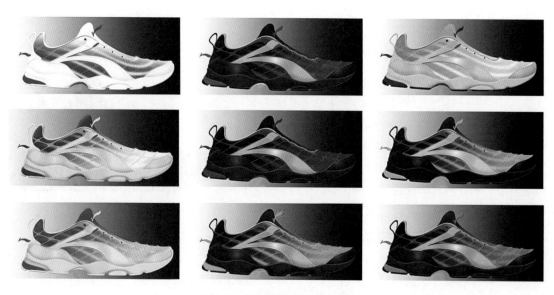

图4-3　奥运领奖鞋配色方案

2. 动物类

从动物类方面构思，亦所谓的"仿生设计"，主要是在鞋类款式、色彩、图案、材料等方面模仿动物的形状和色彩及皮肤肌理。这种素材常用于表现休闲、嬉皮的设计主题。如在材料上仿鳄鱼皮、蛇皮肌理，在鞋类帮面上采用动物图案装饰的鞋类或外形上模仿动物的鞋类等，如图4-4至图4-6所示。

3. 植物花果类

这一类素材主要体现在鞋类的款式、色彩、图案、材料等方面模仿植物花果的外形、色彩及肌理等。这种素材常用于表现田园的设计主题，如图4-7所示。

图4-4 仿鱼的颜色

图4-5 仿天鹅的脚掌和羽毛

图4-6 青蛙和壁虎的仿生设计

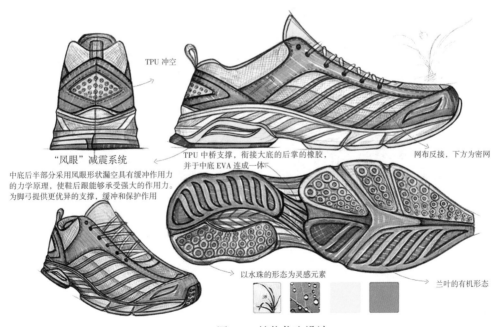

TPU冲空

"凤眼"减震系统
中底后半部分采用凤眼形状漏空具有缓冲作用力的力学原理，使鞋后跟能够承受强大的作用力。为脚弓提供更优异的支撑、缓冲和保护作用

TPU中桥支撑，衔接大底的后掌的橡胶，并与中底EVA连成一体

网布反接，下方为密网

以水珠的形态为灵感元素

兰叶的有机形态

图4-7 植物仿生设计

4. 矿物、陶瓷、器皿类

这类素材主要是在鞋类的材料和结构方面模仿矿物、陶瓷、器皿的肌理和结构。这种素材常用于表现复古的设计主题，如图4-8所示。

5. 建筑结构类

这类素材主要是在鞋类帮部件结构的设计方面模仿建筑的结构。这种素材常用于表现严谨、力量、律动的鞋类设计方向，如图4-9所示。

图4-8　传统文化的运用

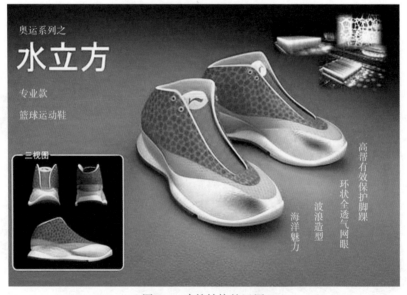

图4-9　建筑结构的运用

6. 艺术流派类

各种艺术流派和技法都有相互联系、相互渗透、相互沟通的关系，这些也为鞋类设计构思带来了新的启示。鞋类设计往往采用了古典绘画和传统绘画以及各种艺术流派的技法，如印象派、抽象派、现代派、光亮派和光效应派等。其中，以光亮派和光效应派应用最广。

①光亮派：它是以大量富有光泽的材料为表现基础。鞋类设计中运用光亮皮革材料（如漆革）和装饰材料（光泽金属、宝石等）来达到这种效果。这种素材常用于表现都市、嬉皮、梦幻的设计主题，如图4-10所示。

②光效应派：其原理是利用色彩移动和空间波动，或利用制图仪器绘出很细的线条，加上人工色光的移动，产生视错觉的"光效幻景"。这种素材常用于表现都市、嬉皮、梦幻的设计主题。在鞋类设计中，采用有闪光效应的、色彩斑斓的珠光、金银线的方法，使鞋类增添光彩，如图4-11所示。如童鞋中在后跟处采用闪光灯便是一个光效应典型。

图4-10　闪光银材料的运用

图4-11　色彩移动的运用

7. 传统文化遗产类

我国的传统文化遗产十分丰富，敦煌壁画、彩塑、彩陶、青铜器、漆器、京剧脸谱、民族服饰、民间艺术等，这些素材常用于表现古典的设计主题。在鞋类设计中，我们可以运用传统遗产中的造型和色彩来表达，例如在运动鞋的帮面上采用京剧脸谱的造型和色彩进行设计，如图4-12所示。

图4-12　京剧脸谱的应用

8. 动画、游戏类

随着时代的进步、社会的发展，动画、游戏产业得到了极大的发展，并成为广大青少年生活中的重要内容。这一类素材在鞋样设计中的应用，主要是在鞋样结构中应用动画、游戏中人物的服饰、兵器、盔甲等元素。这类素材常用于表现都市、梦幻的设计主题，如图4-13所示。

上述 4 个方面的题材和 8 个类别的素材是鞋类设计题材和素材选取的主要范围，当然这只是大体上的概括，它是针对一些比较适合鞋样设计的题材和素材进行概括的，而在现实生活中远不止这些内容。

图4-13 游戏元素的运用

三、鞋样创意与表现

一讲到创意，我们就会想到灵感，这是因为创意其实就是设计灵感的体现，它们是一体的。下面我们来了解创意灵感的特点以及如何捕捉和表现灵感。

（一）创意灵感的特点

灵感是人们在从事某一事物过程中突然产生的富有创造性的思维活动，是人类特有的。初学设计的人都视灵感为神秘之物，都担心或埋怨自己缺少灵感。事实上，每个人在学习、工作、生活中，都会产生一些灵感，只是没有意识到而已。灵感具有以下三个特点：

①短暂性：灵感是思维活动撞击的结果，它的出现非常短暂，常常是瞬间即逝。随着时间的推移或其他事物的干扰，灵感会逐渐模糊或突然消失。

②偶然性：灵感并不是呼之即来的东西，它的出现往往要通过其他事物或事件的诱发而产生，在人们不经意时冒出。因此，苦思冥想、闭门谢客地等待灵感出现是不大现实的。

③专注性：经常出现灵感的脑子，会越用越灵，灵感也会经常光顾这个脑子，表现出灵感的"专一"，不怕没有灵感出现，就怕不肯常动脑筋，因此，平时应养成善于动脑筋的习惯，专心致志地对待自己的设计，久而久之，灵感便会不断涌现。

（二）捕捉创意灵感

灵感的产生非常短暂，因此，能否抓住灵感就显得非常重要。一般来讲，灵感的捕捉可按以下步骤进行：

①迅速做好记录：一旦灵感突然出现，就必须以自己最擅长的方式做好记录，可以是图形、文字、符号等，只要能代表灵感就行。

②审核灵感记录：设计是一门造型艺术，有些灵感的理念因素太多，并不适合用来发展成造型，这时，就应该舍去一些没有造型特征的灵感，保留一些具有比较清晰的形象的灵感，以便进一步加工整理。

③灵感的具体化、形象化：运用造型语言对审核过的灵感进行归纳与提炼，使灵感更为清晰、完美，如图4-14所示。

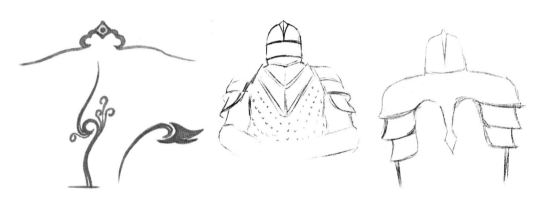

图4-14　形象化的灵感素材

（三）表现创意灵感

对设计师来讲，灵感的确十分重要。但是，光有灵感还不行，关键是要把它转变为符合鞋类特点的设计构思。为了把灵感转换成设计构思，常采用如下步骤：

①把比较成熟的灵感用一系列草图的形式表现出来，以便从中挑选出最合适的造型，再进行细节的完善。

②在设计过程中应结合鞋和人脚的特点，把来自灵感的图形转化成可以穿在脚上的鞋类造型。同时还应以形式美原理和鞋类的基本要素（造型、比例、材料、装饰工艺等）为依据，进行反复修改，直到与你想象中的效果吻合。

③设计稿的自我检查。凭一时的冲动一气呵成的画稿并不会个个完美，相反，有许多想法由于种种原因而显得不成熟甚至失之偏颇。若能用局外人的态度来检查自己的作品，会看得更清楚，在此前提下对设计稿的修改，会更接近客观的审美标准。鞋类设计是需要客观的审美标准的，因为鞋是要让消费者穿的。

四、鞋样效果图的绘制

效果图对于设计来说，是一项非常重要的内容，因为它所包含的内容与产品比较接近，能够让我们预先看到产品的大体效果。

目前鞋样效果图的绘制方式主要有两大类：

①计算机效果图表现：包括 PS、CDR、AI、数码手绘板表现等；这类效果图主要用于生产，如图4-15所示。

②手绘表现：包括水粉、钢笔淡彩、彩色铅笔、马克笔表现等；这类效果图主要用于设计表现，属于设计的快速表现，如图4-16所示。

大家可根据自己的特点来选择绘制方式，也可以将两者综合起来运用，只要能增强其效果，任何方法均可运用。

图4-15　计算机效果图　　　　　　　　图4-16　马克笔效果图

第二节　运动鞋概念设计

概念设计指的是反映对象本质属性的一种思维形式，是人们通过实践，从对象的属性中抽出其特有属性概括而成的。就鞋样设计而言，"概念设计"就是用视觉语言把对设计素材本质属性的认识表达出来，这种认识就是我们从设计素材中提炼、概括出来的概念或思想。因此，它在本质上是对"思想"的设计，换句话说，它提供的是创意，即从某种理念、思想出发，对设计项目在观念形态上进行的概括、探索和总结，为设计活动正确深入开展指引前进的方向。

一、概念设计的属性

概念设计是鞋样产品中内容最丰富、最深刻、最前卫、最能代表鞋样产品科技发展和设计水平的产品，也是最能代表未来发展方向的产品。鞋样概念产品是世界各大鞋业公司展示其科技实力和设计观念的最重要的方式，因而鞋样概念产品也是艺术性最强、最具吸引力的产品，如图4-17所示。

图4-17　鞋样概念设计

通常鞋样概念设计产品分为两种，一种是能穿的真正鞋类产品，另一种是设计概念模型。第一种比较接近于批量生产，其先进技术已步入试验阶段并逐步走向实用化，因而一般在一年左右可成为公司投产的新产品，如图4-18所示。

第二种鞋样概念产品虽是更为超前的设计，但因环境、科技水平、成本等原因，只是设计发展的方向，如图4-19所示。

图4-18 接近量产的概念设计

图4-19 超前的概念设计

二、概念设计特点

1. 独创性

概念设计更强调设计的独创性和原创性，从形式和内容上都排斥业已存在的东西。当然，这不是说不能使用历史上已经存在的形式符号和材料，而是必须以新的手法、新的视角加以运用，如图4-20所示乔丹中国的鞋底透气设计。

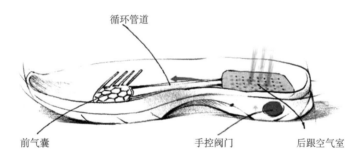

循环管道

前气囊 手控阀门 后跟空气室

图4-20 乔丹中国的鞋底透气科技

2. 抽象性

概念的形成是对纷然杂陈的生活现象进行提炼、概括、抽象的结果。任何概念都有一定的抽象性，它来源于我们提炼出的某种理念或思想，我们欲倡导、传扬的主张以及欲表达的某种意象，如图4-21所示，该作品将树叶进行了抽象化处理，与跑鞋的结构相结合，但又保留了树叶基本的叶脉结构。

图4-21 抽象性的概念设计

3. 探索性

概念设计可以不过多地涉及具体的功能问题（这类问题可以在方案设计阶段进行修正），即使考虑功能问题，也是概念性的、原理性的或逻辑推论性的，说得更直接一点就是纸上谈兵。它更像一个探索性的科学实验，与实际生活保持一定距离，可以保证思维有足够的想象空间。如图4-22所示的探索性主要体现在将科幻片和游戏场景中的一些素材尝试性地与运动鞋结构相结合，如鞋头和后跟的部件设计，这也是运动鞋探索性设计的一种尝试方式。

图4-22 探索性的概念设计

4. 先进性

概念设计要求我们立足于时代最先进的技术和社会意识，有足够的勇气去尝试最新的东西（新技术、新材料、新工艺、新的生活观念），凝聚时代最先进的技术成果，使产品处于时代的前端，否则就谈不上是什么"概念设计"。如图4-23所示李宁F2概念跑鞋设计就改变了传统皮革和纺织材料组合的运动鞋设计，使用了目前最新的喷泡材料（一种高分子发泡材料），该材料此前一直是耐克的独家科技材料，它有别于普通的EVA发泡材料，更具弹性、支撑性，并具有一定的透气性。由于此种材料采用一体成型工艺，理论上只要模具能做得出来，任何复杂的造型都可被制作出来，相比传统运动鞋来说更具先进性与美观性。

（a）跑鞋

（b）篮球鞋

图4-23 李宁 F2概念鞋

三、概念设计的应用

图4-24所示是我们在概念设计中经常用到过的一张图，大致可以这么表述：

①在做任何产品的概念设计之前必须要考虑这三个要素：用户、技术、品牌。

②了解用户是产品的基础。只有你的产品是用户需要的、对用户有价值的，那么这个产品才有可能走向成功。因此在进行概念设计时要清楚你的概念是否符合公司的品牌概念，是否能够提高人们的生活质量，是否符合行业先进的设计方向。

③在进行概念设计时了解现在有什么样的技术基础很重要，不能实现的设计往往可能不会产生真正的价值；还要培养自己预测近一两年能实现的技术基础，也就是进行一些前瞻性的设计。

对于一个企业来说，所有的这些都需要服从一个整体的约束，这样的产品设计才能符合整

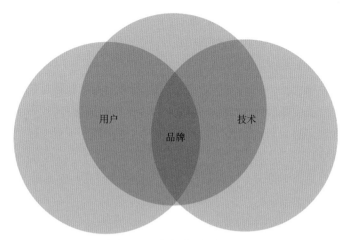

图4-24 市场指导关系图

个品牌的文化和气质，才能在品牌战略中具有真正的意义。如果一个设计师只陷入"用户需要什么"中，那么他的设计往往不是完整的；如果一个开发者只限于"我能提供什么样的技术支持"，那么他的能力也是不完整的；不管是设计师还是产品设计团队中的任何一员，必须了解这些综合状况。很多现象显示，一个设计师在只知道"设计"的情况下完成工作，之后都不明白自己设计的产品是什么样的概念，为什么那样设计，那么我们可以肯定地说这个产品设计99.9%是没有灵魂的，根本就是不合理的，或者其实还可以更好。

因此，一个优秀的鞋样设计师一定需要具备综合的知识和综合的思考能力，在工作中管理者也应不断地要求设计师们主动思考和综合考虑。一个优秀的鞋样设计师不只是能把一个产品做得很漂亮，更应该在整个产品团队中具备一种无法比拟的能力：模拟未来发展的设计（概念设计）。

四、概念设计的流程

概念设计的流程主要包括接受设计委托、制定设计计划、概念产生、概念选择、概念验证、设计草图、设计效果图、色彩设计、人机工程学分析、样鞋制作、设计决策、工程制图、推出设计原型等步骤。概念设计的流程与一般设计程序的区别之处就在于概念产生、概念选择、概念验证及最终推出概念设计原型的步骤。

概念产生步骤中，需通过设计调查和对调查所得资料的分析，发现需求或设计的问题，针对需求和问题用文字定义出产品的概念。概念产生的数量多多益善，数量的优势可以提供更多的概念选择机会。

面对众多生成的概念，如何选择和甄别出最好的产品设计概念，是概念选择中需要解决的问题。通常可用的概念选择方法主要有以下几种方式：

①由消费者、设计委托方或其他的相对客观的外部实体来选择。

②由产品开发人员中有影响的成员基于个人喜好进行选择。

③根据直觉而不是明确的标准进行概念选择。

④由产品开发人员共同投票进行概念选择。

⑤对生成的概念采用优缺点列举法进行选择。

⑥按照预先制定的概念选择标准进行评估选择。

选定了少量的产品概念后，仍需对概念进行概念验证。概念验证是从目标消费者中获取对产品概念描述的评价，通过概念验证最终选定深入设计的产品概念。

确定了产品概念即可进入设计草图、设计效果图、色彩设计等概念视觉化设计阶段，直至推出概念产品设计原型。

概念产品设计原型是否会批量生产并投放市场，需要视产品开发成本、消费者的接受程度、原型开发质量等多方面因素而定。

第五章
运动休闲鞋专题设计

　　运动休闲鞋是运动鞋的一个较大的种类，主要特色是以一种简单、舒适的设计理念，满足人们日常生活穿着的需求。休闲鞋的概念、内涵和功能便与这种新的生活理想和方式紧密相关。人们借助休闲鞋的造型、品牌及内涵去修饰装扮自己、展示自己，从中获得一种审美愉悦和象征性的精神满足。

第一节　休闲运动的特点

　　狭义上我们所说的休闲运动指的是专业运动以外的体育运动，是社会体育运动的组成部分。但是休闲运动与社会体育运动并不是组成关系，而是一种交叉重叠关系。

　　广义上来说，休闲运动是指人们在闲暇时开展的运动，项目形式不拘一格，对场地设施要求不高，是强调娱乐休闲、运动乐趣、放松身心的体育活动。其具有自由、文化、非功利和主动性等特点，对强健体魄、预防疾病与康复、提高文化素养与精神文明建设、丰富生活内容以及促进人的社会化与个性形成等有着重要意义和作用。

第二节　运动休闲鞋的分类

　　运动休闲鞋大致可以分为三类：日常运动休闲鞋、运动休闲鞋、商务运动休闲鞋。

一、日常运动休闲鞋

　　日常运动休闲鞋所占比重较大，因为这类休闲鞋适应场合较为宽泛，款式也比较多，既有类似正装鞋严谨和庄重的款式，又有类似休闲鞋舒适、宽松与活泼的款式，因此在大部分场合均可以穿着，如有氧运动鞋、硫化鞋等，如图5-1、图5-2所示。

图5-1　有氧运动鞋

图5-2　硫化鞋

二、运动休闲鞋

运动休闲鞋主要适用于在户外运动、休闲健身时穿用，这类休闲运动鞋款式活泼大方，色彩轻松明快，是日常运动休闲时最好的选择，如休闲跑鞋、综合训练鞋、滑板鞋等，如图5-3、图5-4所示。

图5-3　休闲跑鞋

图5-4　滑板鞋

三、商务运动休闲鞋

商务运动休闲鞋则更注重其时尚性、品位性的特点，要求款式典雅、工艺考究，能充分体现穿着者的社会地位和生活品位，如赛车鞋、时尚鞋等，如图5-5、图5-6所示。

图5-5　赛车鞋

图5-6　时尚鞋

第三节　运动休闲鞋的特点

一、运动休闲鞋的造型特点

休闲鞋的造型比较轻巧、精致，其前掌比较圆润，这使其更加舒适合脚、轻松自如；为了行走更加轻松自如，休闲鞋的前跷和后跷设计得较高，整体造型犹如小船；因为它沿用了跑鞋底型的弧线设计，使其具备了较强的动感和时尚性，但中帮的高度比跑鞋要低一些；为了更贴近大自然，休闲鞋的鞋底一般设计得比较薄，以获得贴地的脚感，如图5-7所示。

图5-7　休闲鞋的造型特点

二、运动休闲鞋的线条特点

运动休闲鞋的线条特点跟跑鞋比较相似，款式设计简洁、明快、时尚、流行，曲线优美，适合行走于较平坦路面环境，穿着随意，适合搭配各种服装；相对跑鞋而言，休闲鞋的线条变化要大一些，也相对要随意一些，但仍有整体感，如图5-8所示。

图5-8　休闲鞋的线条特点

三、运动休闲鞋的结构特点

运动休闲鞋的帮面变化较大，分割也更灵活一些，帮面结构以曲线分割为主，并常和一些时尚的图案搭配一起进行设计；其鞋底底纹设计比较随意，有轻薄、柔软的特点，以获得亲近大地的亲切感。另外，由于休闲鞋的装饰性较强，因此在纹理设计上比较宽泛，各种纹样均可应用，如图5-9所示。

图5-9　休闲鞋的结构特点

四、运动休闲鞋的材料特点

（一）帮面材料

休闲鞋的帮面材料主要以皮革和纺织面料为主，如图5-10所示。由于日常生活中人们大多穿休闲鞋，因此除了皮革和纺织面料外，还使用丝质面料、棉麻面料、金属装饰材料等。休闲鞋也和其他运动鞋一样会有各种装饰工艺材料和辅助保护、支撑部件的应用。

图5-10　休闲鞋的材料特点

1. 皮革

不同档次的休闲鞋，其应用的皮革主要有真皮、人造麂皮、反毛皮等。

①真皮：各种经过处理的天然皮革，包括头层皮和二层皮，真皮具有良好的质感，其天然的纤维结构使运动鞋具有良好的透气性能。

②人造麂皮：又称人造绒面革，是人造革的一种，模仿动物麂皮，表面有密集的纤细而柔软的短绒毛，如图5-11所示。在人造麂皮出现前，曾用牛皮和羊皮仿制麂皮。人造麂皮具有质地轻软、透气保暖、耐穿耐用的优点。

③反毛皮：其绒面质地柔软，穿着舒适，卫生性能好，整体质感好，能提升休闲鞋的整体质感，如图5-12所示。

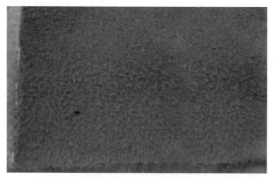

图5-11　人造麂皮　　　　　　　　　　　图5-12　反毛皮

2. 纺织面料

休闲鞋所用的纺织面料主要有网布、麻布、帆布、牛仔布以及各种化纤面料。

①网布：休闲鞋中所用的网布不是很多，而且都采用中细网眼的网布，如图5-13所示。

②麻布：麻布是指以亚麻、苎麻、黄麻、剑麻、蕉麻等各种麻类植物纤维制成的布料。它具有柔软舒适、透气清爽、耐洗、耐晒、防腐、抑菌等优点。

③帆布：是一种较粗厚的棉织物或麻织物，因最初用于船帆而得名。帆布一般多采用平纹组织，少量的用斜纹组织，经纬纱均用多股线，通常分粗帆布和细帆布两大类。鞋用帆布一般选用细帆布。

④牛仔布：也叫作裂帛，是一种较粗厚的色织经面斜纹棉布。经纱颜色深，一般为靛蓝色；纬纱颜色浅，一般为浅灰或煮练后的本白纱。牛仔布又称靛蓝劳动布，一般用于男女式牛仔裤，但是随着布鞋的流行，近年来也广泛应用于运动休闲鞋中，如图5-14所示。

图5-13　网布在休闲鞋中的应用　　　　　图5-14　牛仔布在休闲鞋中的应用

（二）鞋底材料

休闲鞋的大底一般以高耐磨橡胶制成，这样能提供良好的吸震保护，并满足结实耐磨的需要，外底花纹呈较平滑的颗粒状、块状或阶梯状，底型设计富于变化，增强美感。休闲鞋从侧面看比较轻薄，结构上也比较简单；基本上是两片式结构，也有部分休闲鞋直接以含有橡胶成分的PU或MD材料做大底。另外，由于休闲鞋的装饰性较强，因此在样式上就比较随意，各种纹样均可应用，如图5-15、图5-16所示。

图5-15 休闲鞋鞋底

图5-16 一片式 PU 鞋底

第四节 主要运动休闲鞋简介

一、硫化鞋

硫化鞋指的是用鞋底和鞋面以加硫方式进行衔接（硫化制法）制成的运动休闲鞋，由于硫化鞋的鞋底是生橡胶，对其用硫黄加以高温处理，可增加鞋底橡胶的弹性和硬度，硫化处理工艺最早是由 PUMA 公司在1960年发明的。

1. 硫化鞋的特征

硫化鞋以橡胶、织物或皮革为帮面，橡胶为底料，用粘贴、模压或注胶等方式加工成型，再在一定温度和压力下进行硫化，赋予鞋帮、鞋底高强度的支撑性和鞋底高弹性，使两者牢固地结合在一起，故称硫化鞋。

2. 硫化鞋的造型特点

硫化鞋的整体外形可分为高帮硫化鞋、低帮硫化鞋，如图5-17、图5-18所示，还有开口笑等类型，鞋底一般较平。

3. 硫化鞋的鞋底特点

硫化鞋鞋底较薄，容易弯曲，便于行走。鞋底花纹比较细致，且密集细碎，同时具有一定的

图5-17 高帮硫化鞋

图5-18 低帮硫化鞋

支撑性与防滑性，能提高行走时对于自然弯曲的舒适性。一般采用橡胶一体成型，前掌部分和后跟部分都设置有突出的若干防滑块，防滑凸块与地面接触的表面有排水槽，能够起到更好的防滑效果，如图5-19所示。

图5-19 硫化鞋鞋底

4. 硫化鞋的材料特点

（1）帮面材料

硫化鞋帮面材料主要有牛皮革、帆布、PU人造革、超纤革、牛仔布。帮面选用帆布类材料主要是对鞋轻质化和透气性的考虑，而选用其他皮质材料则主要是为了体现硫化鞋的丰富性和多样性。

（2）鞋底材料

鞋底一般采用一次性原生胶，鞋底坚固而有弹性，也不容易磨损。

二、滑板鞋

滑板鞋是为滑板运动而设计的专业运动鞋，它往往要求鞋舌厚而稳定、底部平坦以利于踩板。只不过滑板鞋多选用复古鞋的款式进行重新设计制作，所以给人感觉只要是复古鞋都能叫滑板鞋。板鞋跟一般鞋比较，不同的地方就是它几乎都是平底的，让脚能完全地平贴在滑滑板上。

1. 滑板鞋的特征

滑板鞋的特点比较多，近几年有很多新的制鞋技术被引入滑板鞋的设计中，总的来说就是为了滑手在玩滑板时候更舒服而不断改进设计。滑板鞋的主要特点是鞋底有减震功能，但不一定有气垫；滑板鞋是平底，能完全平贴在滑板上，鞋底侧面一般有补强件设计；鞋带有保护设计，以防止磨断，如图5-20所示。鞋带一般为扁型，专业滑板鞋还有防磨断的鞋孔设计。鞋头比较容易磨损，需要较耐磨的材料；鞋舌一般比较厚，起到保护脚腕的作用，如图5-21所示；鞋垫一般有减震功能的设计。以上这些特点都是为了更好的运动效果和更舒服的脚感。

图5-20 防磨断鞋眼孔设计

滑板鞋的好坏，对滑手来说是非常重要的。技巧细腻的滑手一般会选用较薄的滑板鞋，这类滑板鞋通常都有比较厚或带气垫的鞋垫，如图5-22所示。鞋面所用的皮质比较软，做动作时能清楚地感受到滑板板面上的砂贴着脚面而过，动作比较猛的滑手一般会选择比较厚实的滑板鞋，比如鞋底带气垫或油垫，鞋舌比较厚实，这类滑板鞋有较强的减震功能，对脚的包裹性较强，以便适应更激烈的运动，如图5-23所示。

图5-21 厚鞋舌设计

图5-22 薄款板鞋

图5-23 厚款滑板鞋

2. 滑板鞋的造型特点

滑板鞋跟一般运动鞋比较，整体造型比较方正，鞋底较平整，因此前、后跟的跷度较低，鞋舌较厚以增强保护性。从外观上来说，滑板鞋高、中、低帮款式皆有，鞋身侧面都设计有加强件，如图5-24所示。

3. 滑板鞋的鞋底特点

滑板鞋鞋底前后掌大小差异不大，后掌比前掌略小，大底花纹一般采用平纹设计，纹理比较细腻，主要纹理有波浪纹、人字纹、Z字形和L形纹、横纹沟槽等，这些纹理都有较强的抓地防滑效果，如图5-25所示。

图5-24　滑板鞋的造型特点

图5-25　滑板鞋的鞋底特点

4. 滑板鞋的材料特点

（1）帮面材料

因滑板运动较为剧烈，因此鞋面多以高强度的天然皮革、PU革、超纤革等材料制成，材质比较软。

（2）鞋底材料

滑板鞋鞋底要求坚固，材料最好是聚氨酯，一般采用"全橡胶""全包墙"设计（即所有可能接触到地面的部分均采用橡胶，使其具备良好的抓地效果，且在边角位置不同程度地加厚，使其更加耐磨），为穿着者在运动中提供稳定性。

三、综合训练鞋

综合训练鞋指的是专业运动员在训练、练习基础动作的时候穿的鞋，适合多种运动，又称为"全能鞋"，如图5-26所示。对于非专业运动员来说，可以穿着它做3种以上的非专业运动，包括打网球、羽毛球、乒乓球；也可以在日常休闲时穿着。

1. 综合训练运动特征

综合训练运动不同于专项训练，是对人体各部分肌肉及身体平衡协调能力、体能素质的综合性锻炼，因此对鞋也不如专项训练要求之严。

图5-26　综合训练鞋

图5-27 综合训练鞋的造型特点

图5-28 综合训练鞋的外底设计

2. 综合训练鞋的造型特点

综合训练鞋外观和跑鞋有相似之处，但又有别于跑鞋。前脚掌和后跟都非常宽大，具有很强的适应性，满足各种训练需求；综合训练鞋帮面结构比较复杂，部件较多，运用材料工艺性强，以增强其帮面的包裹性与稳定性。部分综合训练鞋帮面会有魔术贴结构，在保证包裹性的同时也方便穿脱，使得帮面具有稳重感，如图5-27所示。

3. 综合训练鞋的外底设计

综合训练鞋需具有优良的耐久性、支撑性、稳定性、曲挠性和良好的减震性，所以在鞋底花纹的设计上要有着较复杂的槽线纹理。部分鞋款的鞋底前掌内怀处有吸盘结构设计，后跟外底中间一般会有内凹的结构设计，如图5-28所示，在一定程度上可缓解人在起跳落地后的冲击力；鞋底具有良好的防滑稳定性及抓地力，满足运动员急跳、侧跑、转向等一系列高难度动作的要求。

4. 综合训练鞋的材料应用

（1）帮面材料

鞋面通常为合成革和轻质网布材料制成。但是随着制鞋科技的进步，现在很多鞋款使用飞织面料，如图5-29所示。

（2）鞋底材料

中底常用铸模 EVA 或 MD 材料制成，大小类似于篮球鞋，外底多采用无印迹橡胶，通常为高碳素耐磨橡胶。

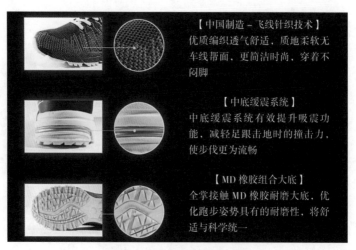

图5-29 综合训练鞋的材料

第五节 运动休闲鞋设计案例

运动休闲鞋是运动鞋中的一个大类，其种类分布较多，在此，仅以综合训练鞋为例进行设计。

现如今流行趋势是运动鞋休闲化、休闲鞋运动化，两者之间的界限越来越模糊。人们生活节奏的加快，白天上班，下班后马上去进行健身活动，所以，一款鞋既要满足运动功能的需求，又要兼具时尚性和个性，是这几年运动鞋的流行发展趋势，也是鞋类设计师应该考虑和关注的问题。反观这几年国际大品牌的产品，更加时尚，与潮流结合，同时又有自家独特的科技支持，国际大品牌产品对潮流元素的捕捉和运用是很值得我们鞋类设计师思考和学习的。

一、设计思路

该设计案例灵感来源于时装设计中的线条，结合机能风服装风格，从服装服饰上提取设计元素，如各种卡扣、弹簧扣、搭带、大拉链和登山包上绳索捆绑方式的构成结构等，如图5-30所示。通过解构的手法运用到鞋的设计上，大卡扣、大拉链、3M反光片等机能风主义的应用，营造一种机械风的形式美。通过重构的手法和工业美的理解，将字母装饰和说明书的设计相结合，以英文单词为装饰元素，体现在提带的印刷等细节设计中。

图5-30 设计素材（一）

阿迪达斯的 Y3系列、耐克的 ACG 系列，都是预示着机能风、定位高端的都市休闲运动鞋的流行趋势，模块化、运动化的鞋底搭配简洁的帮面，机能风的元素，颠覆性的包裹方式，花样鞋带的捆绑方式，都带来全新的体验，如图5-31所示。本设计案例深刻研究国际名牌的设计导向，解读到运动鞋休闲化是必然趋势。说明时尚潮流趋势对运动鞋设计的影响越来越大，对流行趋势的把控和理解，是本设计案例的主导方向。

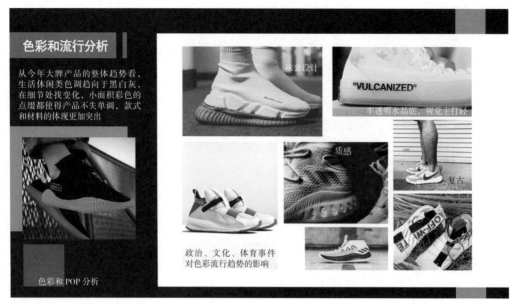

图5-31　设计素材（二）

二、设计过程

通过对素材的理解，然后将解构手法运用到综合训练鞋的设计上，将大卡扣、大拉链、3M反光片等机能风元素应用在帮面结构中，以营造出富有形式美的机械风。

1. 元素提取与应用

通过对各种卡扣、弹簧扣、搭带、大拉链和登山包上绳索捆绑方式的构成结构的分析，以及对综合训练鞋的造型结构特点的分析与理解，运用解构和重组的设计手法将其与综合训练鞋的结构相结合，进行大量的草图发想，如图5-32、图5-33所示。

图5-32　元素提取与应用（一）

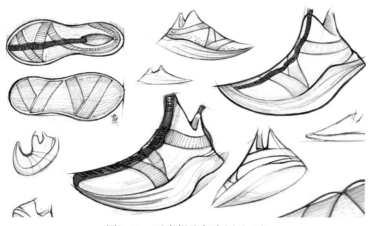

图5-33　元素提取与应用（二）

2. 色彩元素选择

反观近几年国际运动鞋名牌的产品发布，整体颜色以黑、白、灰为主，大面积的跳色、渐变网点分化的使用越来越少，在细节处一些跳色的出现增加了丰富性。而且在综合训练鞋的设计中，应考虑到和服装的搭配性，既不能太抢眼，又要和服装搭配产生呼应。本设计案例以黑、白为主，两款白色、一款黑色为一个系列，设计出两款高帮、一款低帮的综合训练鞋。

三、设计图稿、效果图与配色

1. 草图发想阶段

根据前期收集的灵感来源图片和对流行趋势的分析，参考大品牌最新潮流的鞋款，开始进行头脑风暴，进行草图阶段的发想，绘制了大量的草图，如图5-34、图5-35所示。

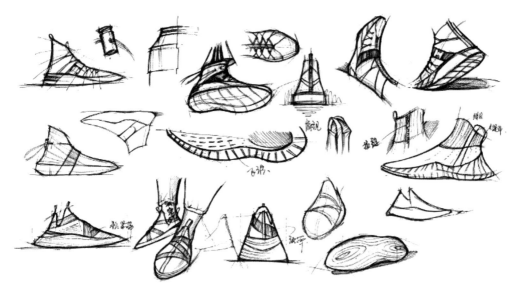

图5-34　草图发想

图5-35　设计方案

2. 设计方案与配色

确定了基本款式的方向，接下来一步就是进行款式图的设计，三款鞋分别以各自的灵感元素进行思维发散，产生款式上的变化，然后结合综合训练鞋的特点与时下的流行趋势，从中挑选出三款草图方案。将所确定的三款方案用马克笔手绘的方式画出来，确定配色并展开细节设计，画出三视图和各个角度的视图，并设计了搭配鞋款的机能风服装，如图5-36至图5-38所示。

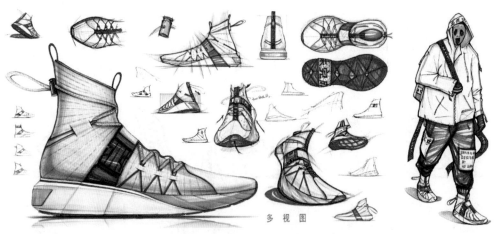

多视图

图5-36　设计方案与配色（一）

图5-37 设计方案与配色（二）

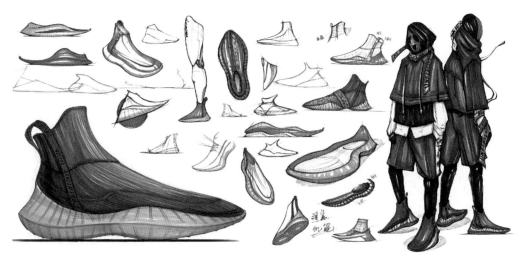

图5-38 设计方案与配色（三）

四、设计创新与工艺

该系列综合训练鞋设计采用机能风风格，整体采用飞织袜套，运用解构和重组的设计手法将大卡扣、大拉链、3M反光片等机能风元素与综合训练鞋的结构相结合，营造出富有形式美的机械风。

第一款运动鞋设计采用高帮袜套设计，整体配色素白、大底侧墙橡胶黄的结合，采用EVA材质，红色织带和字母元素贯穿整体，卡扣和鞋带构成整款鞋的亮点设计，符合形式美，如图5-39所示。

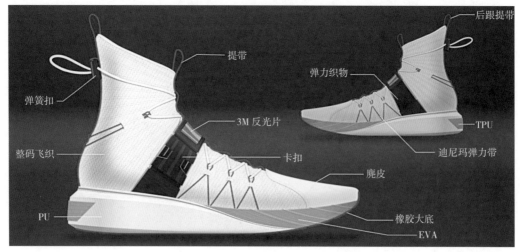

图5-39　设计创新与工艺（一）

　　第二款鞋帮面采用整码飞织的立体袜套设计，搭配运动感十足的橡胶大底，简洁大方，黑色袜套鞋身，红色字母织带从鞋身外侧延伸到后跟，形成空间上的多维度变化，增加趣味性和设计感，内侧拉链设计方面穿脱，也是机能风的体现，如图5-40所示。

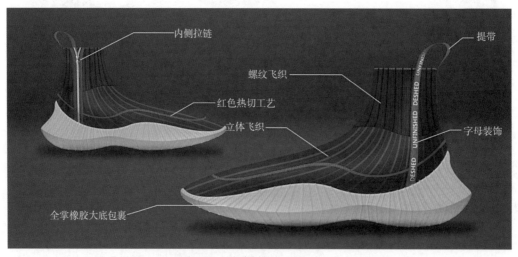

图5-40　设计创新与工艺（二）

　　第三款鞋采用整体白色、大底点缀橡胶黄线条的配色方案，帮面的主要设计是搭带的穿插构成，红色字母织带从帮面延续到后跟，一方面是为了固定织带，另一方面也是为了方便穿鞋，起到提带的作用。鞋袜一体，一脚蹬的设计便携且休闲，如图5-41所示。

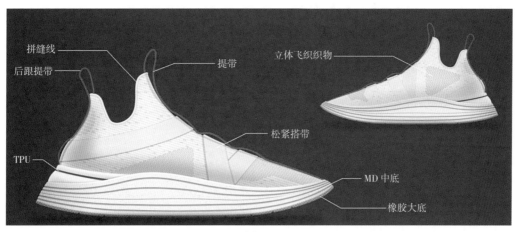

图5-41 设计创新与工艺（三）

五、最终效果图

根据版式设计的形式美原理进行最终效果图的版式设计，如图5-42所示。

图5-42 最终效果图

第六章
跑鞋专题设计

第一节　跑步运动的特点

　　跑步运动是大部分人的健身运动之一。正确的跑步方法可加速脂肪消耗达到减肥的目的，也可以增强自身体质，提高抵抗力。

　　通常情况下，大部分跑步者跑步时以脚掌中间部分接触地面，也有部分跑步者以脚跟部分接触地面。研究表明，一名优秀的长距离跑者通常是以脚掌中部着地，慢跑者以脚掌中部和脚跟着地，快跑者的着地点比慢跑者靠前。因此只有短跑选手和中短跑选手适合以前脚掌着地，可能有些人会有例外，但是以脚掌中部着地对初中级跑步者是个较好的方式。脚掌中部着地可以减少震动，缓解对小腿肌肉、脚弓和跟腱的压力，同时也为下一个迈步做好准备。跑步的姿态如图6-1所示。

图6-1　跑步的姿态

第二节　跑鞋的分类

　　跑鞋是运动鞋中的一个比较重要的大类，它包含了速跑鞋、慢跑鞋和长跑鞋等。其中速跑鞋的造型结构比较特殊，根据运动特点，速跑鞋的前掌一般会有鞋钉。而慢跑鞋和长跑鞋在造型、结构上没有太大的区别，但是在功能设计和材料的选择上有所不同。

一、速跑鞋

　　速跑鞋适合短跑运动员和中短跑运动员穿着，如100、200、400m等运动项目的运动员；速跑鞋一般比较轻，有短鞋钉，鞋型较纤细，合脚性较好，一般为专业运动员穿着使用，因此适用范围较窄，款式较少，版型结构变化不大，整体呈运动风格，如图6-2所示。

二、慢跑鞋

慢跑鞋适合普通跑步爱好者也就是普通慢跑健身人群穿着。这类跑鞋适应场合较为宽泛，款式也比较多，版型结构变化较大。结构设计上一般以流线型为主，常使用呼应等设计方法，且具有较强的时尚性，和日常诸多休闲装可搭配，因此穿着的人群较广，已经不局限于跑步才穿了，是人们日常休闲穿着的重要鞋品，如图6-3所示。

三、长跑鞋

长跑鞋适合长跑运动员，如5000、10000m和马拉松等运动项目的运动员。随着全民健身的推广，马拉松等长跑项目得到广泛的认可，越来越多的人参与其中，这使得长跑运动鞋越来越受欢迎。长跑鞋的版型、结构等方面和慢跑鞋没有太大的区别，但是在功能上有较大的变化，它在慢跑鞋的基础上加强了鞋底的弹性和支撑性，以适应更高强度的运动，如图6-4所示。

第三节　跑鞋的特点

一、跑鞋的造型特点

为了减少运动过程中脚趾部位频繁的屈挠变化，运动鞋外形上鞋尖和鞋跟都有一点点翘，鞋头有翻胶，鞋像个小船，如图6-5所示。运动时脚趾要有足够的空间可以伸展，所以前掌要宽大一些。

大多数跑鞋的后跟部位分成内外两片，提高了跑动过程中由后跟到前掌这个动作过程的效率。在鞋后跟部位的上边缘有一个凹槽，它是用来保护跟腱的，使其更安全、更舒适，如图6-6所示。

图6-2　速跑鞋

图6-3　慢跑鞋

图6-4　长跑鞋

图6-5　跑鞋的造型

图6-6　跑鞋的鞋底

二、跑鞋的线条特点

跑鞋给人的感觉应该是有动感、轻快，那么在线条表现时就要以流线型的线条来表达，在运笔过程中要注意线条的流畅性，尽量做到一气呵成，不能一气呵成的要注意线条之间衔接的流畅性，如图6-7所示。

三、跑鞋的结构特点

相对其他运动鞋来说，跑鞋的结构比较复杂，部件较多，如图6-8所示。为了增加跑鞋的动感和流畅感，部件之间一般都采用呼应和流线型的设计方法以及带有发射性的线条。

四、跑鞋的材料特点

（一）帮面材料

跑鞋的帮面材料主要以革和纺织面料为主，跑鞋帮面上的革主要起到保护和支撑的作用。由于跑步运动时间较长，运动量较大，这就要求跑鞋要轻便、透气，因此，纺织材料就成为跑鞋的首选材料，其中以网布应用最为普遍。此外跑鞋的帮面上还有各种装饰工艺材料和TPU支撑部件的应用。

1. 革

出于对成本的控制，跑鞋帮面上所用的革一般为比较廉价的人造革、合成革等材料，其中以PU太空革居多。而在鞋头等与地面、周围物体接触较多的部位，一般选择韧性、耐磨性较好的革，以超纤革与合成革为主。

①PU太空革：是指聚氨酯经过特殊处理的合成革，如图6-9所示，具有保暖性能或隔热性能，革本身的透气、透湿性能增强。而一般的合成革透气、透湿性比较差。

②超纤革：超纤革全称是"超细纤维增强PU革"，如图6-10所示。它具有极其优异的耐磨性能，优异的耐寒、透气、耐老化性能。

2. 纺织材料

由于跑步的运动特点的要求，跑鞋设计的第一

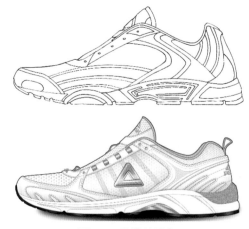

图6-7　跑鞋的线条

图6-8　跑鞋的结构

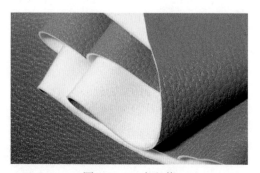

图6-9　PU太空革

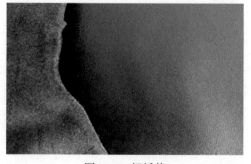

图6-10　超纤革

要求是轻便、透气，所以在材料的选择上，通常是大面积的使用纺织材料，跑鞋常用的纺织材料主要有网布（图6-11）、天鹅绒（图6-12）、海绵、特布和丽新布等。

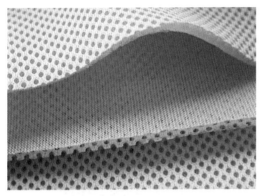

图6-11　网布

图6-12　天鹅绒

3. 补强材料

跑鞋除了使用革和纺织材料外，还有一些藏在表面与内里之间的部件，这部分材料称为补强材料。它是为了加强一些部件的强度或保护脚体而增加的，如前包头是为了保护脚趾而增加的；后包头是为了增强后跟强度而增加的（图6-13）；而鞋眼片补强材料是为了增加其强度以符合绑鞋带的拉力要求。

（二）鞋底材料

跑鞋的鞋底材料一般是由橡胶、EVA、MD、TPU等材料来构成的。跑鞋的鞋底由中底和外底组成。如图6-14所示，最底下薄薄的一层或紫或黑的材料是外底，一般选用橡胶材料；外底上面一层较厚的白色材料是中底，一般选用EVA、MD或PU等材料。

图6-13　后包头

1. 中底材料

中底是跑鞋的心脏，一双跑鞋的性能如何，中底至少决定了90%，跑鞋中底的主要材质是EVA，根据生产情况大致分三种。

图6-14　跑鞋的鞋底

①射出EVA：质地柔软，表面比较光滑，具有一定的弹性，但耐久性不强，整体质量一般，成本较低，一般用在中低端跑鞋上。这种中底适合散步，偶尔跑步或者体重较轻的人，否则穿久了中底容易萎缩变形，从而影响脚体健康。

②模铸二次成型EVA：习惯叫MD中底，俗称飞龙（PHYLON），质地较硬，抗形变能力较好，耐久性强。高端跑鞋和篮球鞋一般选用这种中底材料，飞龙中底表面有很细小的纹理，比较容易识别，如图6-15所示。

③板压EVA：它是EVA里性能最差的中底材料，类似包装用的泡沫，表面看很多气孔。

2. 外底材料

跑鞋的外底材质通常有三种，分别是发泡橡胶、碳素橡胶和硬质橡胶，三者也可以搭配应用。例如，在外底的内侧用抓地较好的碳素橡胶（图6-16），外侧搭耐磨的硬质橡胶，加强其稳定性。或是完全运用性能居中的发泡橡胶，或是三种都用均可以，具体要看不同跑鞋的定位。

图6-15　飞龙中底

图6-16　碳素橡胶外底

第四节　主要跑鞋简介

一、速跑鞋

（一）速跑运动的特征

速跑又称短跑、竞速跑，运动过程中速度快，冲击力大，爆发力强（图6-17）。运动的全程一般只有前脚掌着地，因此前脚掌承受的压力很大，根据生物力学的需要，速跑运动对鞋的性能要求较高，一般对运动鞋的抓地性、减震性、稳定性和轻量化上有较高的要求。

（二）速跑鞋的造型特点

根据竞速跑的运动特征，一般速跑鞋的前跷相对其他运动鞋要大一些，从整体造型上看，前掌比后掌宽大。速跑鞋帮面多采用网革相间设计，以保证速跑鞋良好的包裹性、透气性与舒适性，如图6-18所示。

图6-17　速跑运动的特征

图6-18　速跑鞋的造型特点

（三）速跑鞋的外底设计

速跑鞋的鞋底纹理一般分为前掌、后掌两个部分，且大多以横向切割为主，综合多种纹理。前掌鞋底纹理较深，纵横交错，以增强其防滑的作用，如图6-19所示。

图6-19　速跑鞋的外底设计

（四）速跑鞋的线条、结构特点

速跑鞋的结构相对慢跑鞋要简单一些，但依旧比较流畅、有动感，线条上以曲线分割为主，讲究前后结构的呼应关系。

（五）速跑鞋的材料应用

1. 帮面材料

速跑鞋的鞋面材料一般采用超纤革和细密的网布革。这种革具有极其优异的耐磨性能，优异的耐寒、透气、耐老化性能；采用细密的网布则是为了增强其包裹性和透气性，如图6-20所示。

2. 鞋底材料

速跑鞋的外底材料大多选用TPU、尼龙塑料和耐磨橡胶，TPU塑料、尼龙塑料是为了提升速跑鞋的稳定性。耐磨橡胶最突出的一个性能就是耐磨，其次还有弹性大，延展性强，抗撕裂性和电绝缘性优良，耐旱性良好，易加工，易与其他材料黏合，在综合性能方面优于多数合成橡胶，如图6-21所示。

图6-20　速跑鞋的帮面材料

弯曲槽设计
前掌尼龙材质，三条弯曲槽设计使脚底更贴合，减少运动时力量损耗

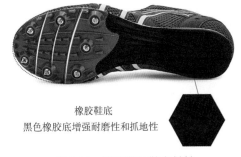

橡胶鞋底
黑色橡胶底增强耐磨性和抓地性

图6-21　速跑鞋的鞋底材料

二、慢跑鞋

（一）慢跑运动的特征

慢跑运动属于健身运动之一，慢跑时脚掌与地面的冲击力相对较小，如图6-22所示。慢跑运动可分为原地跑、自由跑和定量跑等，慢跑是锻炼心肺和全身的良好方法，通常以隔日进行

为宜。有的医学家认为，过于频繁的慢跑会引起足弓下陷、外胫夹、汗疹、跟腱劳损、脚肿挫伤以及膝部后背病痛，所以慢跑前要做好预热运动，慢跑时穿着合适的慢跑鞋和运动服。

图6-22　慢跑运动的特征

（二）慢跑鞋的造型特点

慢跑鞋在帮面造型上多以流线型为主，整体造型流畅、有动感。其前掌较后掌宽大，鞋头的翻胶是慢跑鞋一个最常见的特征。为了减少运动过程中脚趾部位频繁的屈挠，慢跑鞋的鞋头和鞋跟都有一定的跷度，整体造型像艘小船。运动时脚趾要有足够的空间可以伸展，所以前掌要宽大一些。大多数跑鞋的后跟部分成内外两片，以提高跑动过程中由后跟到前掌这个动作过程的效率。而后跟踵心部位的凹槽能提供一定的减震功能，起到保护跟腱的作用，使慢跑运动更安全、更舒适，如图6-23所示。

图6-23　慢跑鞋的造型特点

（三）慢跑鞋的外底设计

慢跑鞋鞋底花纹块面较大，以横向分割为主，以适应前掌频繁的弯折动作，减轻跑步的负担。花纹的

图6-24　慢跑鞋的外底设计

粗度适中，有利于在不同的环境中运动，前掌宽大舒适，后掌一般有稳定结构，以增强稳定性能，如图6-24所示。

（四）慢跑鞋的线条、结构特点

慢跑鞋的结构要求流畅，富有速度感，整体结构轻盈、律动。线条上以曲线分割为主，讲究前后结构的呼应和律动关系。

（五）慢跑鞋的材料应用

1. 帮面材料

慢跑鞋的帮面材料一般是由PU太空革和网布组合而成，使帮面具有一定的支撑性和良好的透气性能。

2. 鞋底材料

慢跑鞋的鞋底材料一般由是EVA和MD中底、橡胶外底以及脚弓TPU等配件组合而成。EVA可以提供良好的缓震性能，橡胶外底可以提供良好的抓地和耐磨性能，脚弓TPU配件能提供良好的支撑、稳定功能，以起到保护脚的作用。外底通常由碳素橡胶制成。

三、长跑鞋

（一）长跑运动的特征

长跑就是长距离跑步，与慢跑在运动形态上相似，但它强调运动的距离，长跑运动是一个需要体力和耐力的综合性项目。目前长跑运动分两种类型，一种是后蹬用力较大，大腿前摆较高，步幅较大，但频率相对较慢；另一种是频率较快，步幅相对较小，这样后蹬力较小，腾起时间缩短，跑起来比较平稳，轻松省力，因此采用第二种方法的人较多，如图6-25所示。

图6-25 长跑运动的特征

（二）长跑鞋的造型特点

长跑鞋帮面处经常采用经纬线热切工艺，纵横穿插多组线条辅助鞋面多角度束紧，从而达到以最轻量的结构支撑鞋体的目的，减轻跑鞋的重量。高端的长跑鞋鞋底一般会有 TPU 托盘承托足弓，并辅加透气深槽；后跟也会有 TPU 托盘以增强稳定与保护作用。这些配件的使用能避免因长时间跑步导致足弓等部位产生疲劳。长跑鞋的造型特点如图6-26所示。

（三）长跑鞋的外底设计

在公路、野外、草地、泥土、山坡等路面进行长跑，鞋底要求有良好的防滑性能，有较深、较宽的底纹，同时需具备一定的减震效果，如图6-27所示。

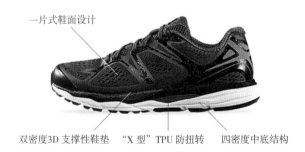

一片式鞋面设计

双密度3D 支撑性鞋垫　"X 型" TPU 防扭转　四密度中底结构

图6-26 长跑鞋的造型特点

图6-27 长跑鞋的外底设计

（四）长跑鞋的线条、结构特点

长跑鞋的线条、结构和慢跑鞋一样，要求流畅、富有速度感，整体结构轻盈、律动。但其帮面处经常采用经纬线热切工艺，纵横穿插多组线条辅助鞋面多角度增强包裹性，线条上也是以曲线分割为主，讲究前后结构的呼应和律动关系，如图6-28所示。

图6-28 长跑鞋的线条、结构特点

（五）长跑鞋的材料应用

1. 帮面材料

长跑鞋帮面材料多选用网布，以减轻鞋身的重量，保证透气性，搭配天然皮革的弹性材质来维持运动时的舒适度与稳定性。

2. 鞋底材料

大底材料一般为橡胶，而中底材料则有 EVA、MD、TPR、PU 等之分，脚弓部分有 TPU、PVC 托盘或碳素板等配件，为长跑运动提供有效的足部支撑，如图6-29所示。

图6-29　长跑鞋的材料

第五节　跑鞋设计案例

跑鞋是运动鞋中的一个大类，其种类分布较多，这里仅以慢跑鞋设计为例，本设计主要以闽南特色建筑——燕尾脊为设计素材，在跑鞋中由内到外应用，赋予其文化内涵及魅力，将传统建筑元素体现在产品的设计中，更好地彰显民族特色。

一、设计思路

1. 设计元素——燕尾脊

屋顶正脊，也称中脊，正脊两端边沿线向外延伸并分叉，形成燕尾脊、燕仔尾，如图6-30所示。

图6-30　闽南特色建筑——燕尾脊

2. 剖析形态结构

燕尾脊整体如燕子低飞时的状态，以其轻盈、灵巧的形态展现于世人。亦如"人"字形，也似"U"形，颇具流动、顺畅之感。设计跑鞋时取用外观结构中的"燕尾"上翘部分。

二、设计过程

1. 元素推演

①应用燕尾脊"尾部"来进行元素推演，其中最显著的造型是"U"形，如图6-31所示简化的草图。

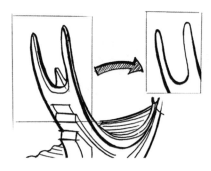

图6-31 元素推演

②燕尾脊侧视形态演化为跑鞋的帮面结构，如图6-32所示。采用分解、构成再整合的手法，使元素更好地服务于设计主体。"尾翼"延伸草图如图6-33所示。

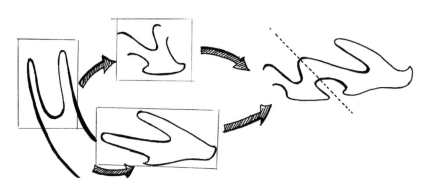

图6-32 元素推演（一）

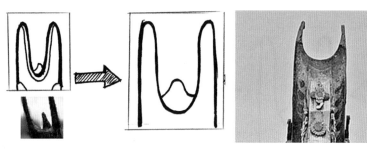

图6-33 元素推演（二）

③跑鞋鞋底结构设计如图6-34所示，将屋脊下方原本看似平面化的三角形进行结构分析后，由二维平面进入三维立体空间。将此结构应用到跑鞋后跟上，增强其美感与实用性。

图6-34　元素推演（三）

2. 元素应用

①尝试着将元素重新组合，从"U"形到"人"字形，再到"双人"——"从"字形。跑鞋俯视图由"燕尾"简化而来，增加其层次感与观赏性。燕尾脊拆分联想图在跑鞋帮面上的应用，如图6-35所示。

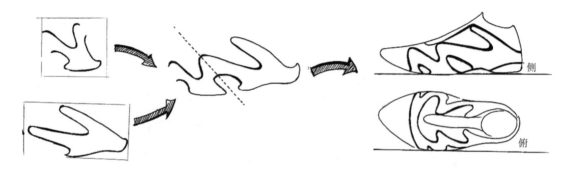

图6-35　元素应用（一）

②将设计元素与跑鞋结构的对称性相结合，如图6-36所示。该元素的最终形成，以原型在二次元的平面基础上，按照形式美原理重新编排组合，使其能更好地符合跑鞋的结构和大众审美需求。

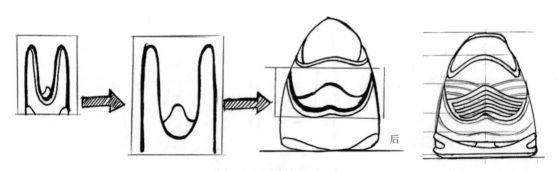

图6-36　元素应用（二）

③众所周知的"三角形稳定性"原理，其有着稳固、坚定、耐压的特点，对跑鞋鞋底的减震及稳定起到至关重要的作用，如图6-37所示。

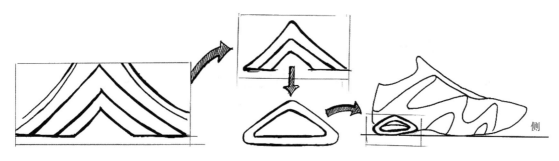

图6-37 元素应用（三）

三、设计图稿、效果图与配色

1. 设计线稿

手绘设计线稿三视图（侧视图、俯视图、后视图）及大底减震系统爆炸图，如图6-38所示。

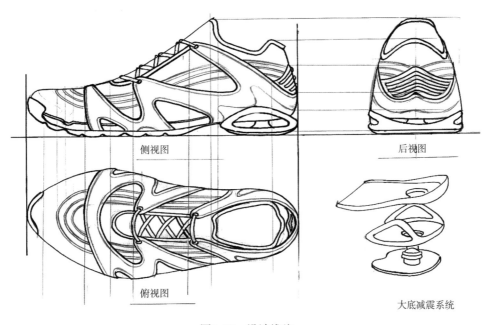

侧视图

后视图

俯视图

大底减震系统

图6-38 设计线稿

2. 电脑效果图与配色方案

电脑效果图如图6-39所示。4款基本配色方案，沿用渐变的配色原理，如图6-40所示。

侧视图　　　　　　　　后视图

俯视图　　　　　　　　爆炸图

图6-39　电脑效果图　　　　　　　　图6-40　配色方案

四、设计特点与创新

1. 设计特点

此款跑鞋为低帮式，弹性好、柔软、轻便，运动时更加舒适；鞋底耐磨、减震、防滑，有效防止在运动时受伤害；此款鞋具有良好的透气性、抓地性、稳定性、控制力。设计特点如图6-41所示。

（1）帮面设计特点

图6-41　设计特点

"人"字形及"U"形交错分布，不失整体的流畅感，从而一改以往跑鞋单一的帮面结构设计。从脚体运动分析看，弯折动作主要集中在前脚掌的跖趾关节处（图6-42）。因而，本设计的环抱结构主要分布在与脚掌垂直的部位，呈现包裹脚掌的形态，起到保护脚掌的作用。同时，也能更符合跑鞋的帮面结构流线型，简约、大方的特点。

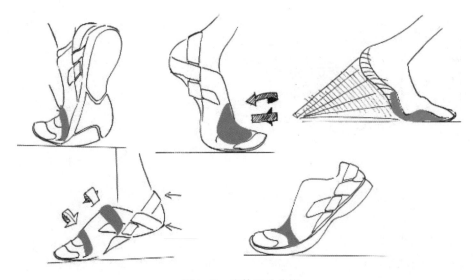

图6-42　脚体运动分析

（2）鞋底设计特点

由于跑步运动的方向性较简单，因而鞋底用耐磨及防滑的碳素橡胶制成，从而减轻不必要的重量。跑步是一项延展性较强的运动，通常需要适应多种路面，因而外底花纹应设计成大小起伏的颗粒状或块状，同时配合弯曲的凹槽设计，能提供更好的抓地性。鞋底后跟应用"三角形稳定性"原理，其有着稳固、坚定、耐压的特点，对跑鞋大底的减震及稳定起到至关重要的作用，如图6-43所示。

图6-43　鞋底设计特点

2. 设计创新

如图6-44所示，当人跑步时脚后跟若有较强的弹性，不但能为人体提供充足的回弹力，还能很好地起到减震的作用。如图6-44所示状态5，已经基本完成跑步这一过程，最后一刻脚跟为平稳状态。此时，会把地面对脚的反作用力回弹到跑鞋上，以促进下一个周期的动作。因此只有跑鞋实现了减震的功能，跑步才能更加轻松。

图6-44　跑步状态

本方案设计中，鞋底后跟应用了"三角形"这一稳定结构，内置伸缩发泡式材料及 TPU 弹力支撑片，如图6-45所示。发泡胶置于橡胶大底支撑杆的外侧，通过中底的两层孔洞黏合在一起，但仍留有合理的伸缩空间，TPU 托盘置于外底支撑杆内侧，在落地的一刻可以起到回弹减压的作用。

图6-45　减震结构

五、最终效果图（图6-46）

图6-46　最终效果图

第七章

篮球鞋专题设计

篮球鞋即 SNEAKER，同时也将球鞋爱好者融入 SNEAKER 一词中，使得 SNEAKER 有更丰富的内涵。篮球运动是一项剧烈运动，运动中会有不断的起动、急停、起跳和迅速的左右移动等动作，为了能应付激烈的运动，对于一双篮球鞋来讲，就需要有很好的耐久性、支撑性、稳定性、舒适性和良好的减震作用。

第一节　篮球运动的特点

篮球运动是现今比较流行的运动项目之一，也是一项世界性的运动项目。现代篮球运动的具体特点主要有以下几个方面：

1. 集体性

篮球运动是以两队成员相互协同攻守对抗的形式进行的，竞赛过程集整体的智慧和技能协同配合，反映和谐互助的团队精神和协作风格。

2. 对抗性

由于篮球运动攻守对抗竞争是在狭小的场地范围内以快速、凶悍的近身对抗进行的，获球与反获球的追击，抢夺的限制与反限制，其拼智、拼技、拼体、拼力，必须有聪颖的智慧，还需要特殊的体能、彪悍的作风和顽强的意志与必胜的精神。篮球运动竞争的过程，即是陶冶这种作风和精神的过程。

3. 转换性

快速转换攻守对抗是现代篮球比赛的重要特点，因为篮球比赛的规则规定，以进攻得分多少分高低，而进攻又有时间规定，攻后必守，守后必转攻，攻守不断转换，转换又在瞬间，瞬时变化无常，使比赛始终在快速而和谐的高节奏下进行，给人以悬念，这不仅给观赏者增添观赏乐趣，而且给参与者增智养心。

4. 时空性

篮球比赛在一定的时间内围绕空间的球和篮展开攻守对抗，因此在比赛过程中的时间观念、空间意识必须强烈，并以智慧运用各种形式、方法和手段去争取时间，搏夺空间优势，从而使比赛更具有时空性要求，这也是篮球运动独异的特点。

现代篮球运动与科学技术的进一步有机融合，加上自身整体的特殊活动形式产生的功效，已成为社会文明进步和人们喜闻乐见的人文景观，它引发种种有趣的竞技史事和人物故事，给人以观赏赞誉，可以成为在不同人群中进行社会性人本教育的直观课程，能达到博知广识的目的。

第二节　篮球鞋的分类

在日常生活中很多人以为篮球鞋就是一种单一的鞋子，但其实它可分为前锋篮球鞋、中锋篮球鞋、后卫篮球鞋等三个种类。

一、前锋篮球鞋

前锋是篮球比赛阵容中的一个位置，传统上以进攻得分为主要任务，强调快速推进上篮的能力。随着各种半场进攻战术以及三分线的发展，现今篮球运动中前锋除了具备速度以外，往往还被要求具备运球突破以及长距离投射的能力。因此要求前锋篮球鞋要尽量轻，同时也要求有一定的护踝、减震作用以及耐曲挠性。中帮的篮球鞋往往是最好的选择，如图7-1所示。

图7-1　前锋篮球鞋

二、中锋篮球鞋

中锋是一个球队的中心人物，凭借其强壮、高大的身体，无论进攻还是防守，都是球队的枢纽，故名之为中锋。作为禁区内的"擎天柱"，抢篮板球是中锋必不可少的能力，此外，封堵阻攻、盖帽也是中锋必备的能力，所以优良的弹跳力是中锋必备的运动素质。同时因中锋在运动过程中身体接触多、身体扭转多并且体重比较大，因此中锋篮球鞋必须具备一定的抗翻转性以及脚踝减震性。这类球员所用的篮球鞋必须有足够强的减震作用和稳定性，高帮的球鞋可以符合这两个要求，如图7-2所示。

三、后卫篮球鞋

在篮球运动中后卫需要不断控制球，变向，突然加速，突破，虽不需要后卫有特别大的力量，但一定要有爆发力，而且后卫普遍体重不大，因此这类运动员需要一双可以适当保护脚踝并具有一定减震作用的中低帮篮球鞋即可保证其功能需求，如图7-3所示。

图7-2　中锋篮球鞋

图7-3　后卫篮球鞋

第三节　篮球鞋的特点

篮球运动是一项对抗性非常激烈的运动，不断起动、急停、起跳，横向左右运动、垂直跳跃的动作也较多。一双篮球鞋，必须具有很好的耐久性、支撑性、稳定性、曲挠性和良好的减震效果。时下的篮球鞋已不仅在打篮球时使用，经众多品牌多年的经营，篮球鞋已走在运动时装化的先端，所以更加注重款式格调，在功能性方面也是集顶级装备于一身。款式一般为高帮及半高帮，能有效保护脚踝，避免运动伤害，运动及平时穿着均可体现超群的风采。

一、篮球鞋的造型特点

篮球鞋整体比较厚重，造型简洁，款式一般为中帮及高帮，能有效保护脚踝，避免运动时受到伤害。鞋子的跷度较小，因此篮球鞋的外观上比较沉稳，不像跑鞋那么有动感，如图7-4所示。

图7-4　篮球鞋造型特点

二、篮球鞋的结构特点

篮球鞋的结构既简单又复杂。简单是说其帮面结构简单，帮面基本上是大块面的分割，而且大都使用天然皮革，这主要是篮球鞋要求有较高的抱脚性；而复杂则是说其鞋底复杂，鞋底是各种功能汇集的地方，如专业气垫在受压时收缩，内含气体吸收外来的震动和冲击压力，然后很快复原，提供良好的减震性能，并将冲击力转换为推动力，有效提高运动效率。篮球鞋结构特点如图7-5所示。

图7-5　篮球鞋结构特点

三、篮球鞋的外底特点

篮球鞋外底一般采用高碳素耐磨橡胶，纹理通常为人字形、波浪形等，提高运动时的摩擦力；后跟较扁平（也有两瓣式设计），可有效稳定双脚；宽大的前掌带有深弯凹槽（与中底弯曲槽共同增强曲挠性），并增大与地面的接触面积，提高稳定效果。TPU 的内侧和脚弓等部位安装用高密度材料和 TPU 材料承托盘制成的扭转系统，以阻止运动时人脚向内过分翻转，避免运动扭伤，

图7-6　篮球鞋的外底特点

并使脚掌和脚跟配合地面情况自然扭转，提高运动时的稳定性和控制力。该系统同时增强中底强度，有效分解脚弓压力，良好的弹性配合中底为脚部提供了更强大的支撑作用。篮球鞋外底特点如图7-6所示。

四、篮球鞋的材料特点

（一）帮面材料

篮球鞋帮面材质以加厚的柔软牛皮革或同等物性的 PU 革、牛巴革、超纤革为主，使其坚固、柔韧，有效承受冲击（耐久性）并穿着舒适，部分款式辅以小面积网布，以适应运动时尚对篮球鞋的要求。除此之外，篮球鞋还有各种装饰工艺材料，如热切、电绣、电脑雕刻等。

1. 牛皮革

天然皮革向来为人们所喜爱，鞋用皮有牛皮、猪皮、鹿皮、鸵鸟皮、鳄鱼皮、蛇皮等，篮球鞋一般使用牛皮。牛皮革透气、柔软、耐剥离、耐折、耐寒，经久耐用，缺点是有瑕疵，毛孔多，形状不规范不易裁制。牛皮又可分为头层皮和二层皮，头层又叫粒面皮，二层叫二榔皮或漆皮，一般头层皮价格是二层皮的 3~5 倍。篮球鞋大量使用头层牛皮，如图7-7所示，这对篮球鞋的包裹性和韧性来说很有价值。

图7-7　牛皮革

2. PU 革、牛巴革

PU 革是目前市场上使用最普遍的制鞋材料，PU 革柔软，富有弹性，手感好，表面多有光泽。牛巴革表面多呈磨砂状，手感粗涩，少有光泽且呈消光雾面，多数无弹性，牛巴革如图7-8所示。牛巴革、PU 革虽不同，但使用起来各有特色。相对而言 PU 革使用更广泛一些，在篮球鞋中一般使用中档以上的牛巴革和 PU 革做鞋面。

图7-8　牛巴革

3. 超纤革

超纤革质感柔和，质地均匀，性能很接近天然皮革，但比天然皮革厚度更均匀，弹性更均衡，是人工革类里最好的材料之一。目前大多数的中高档运动鞋会使用这种材料。

4. 篮球鞋抱脚结构材料

（1）鞋带

篮球鞋讲究抱脚结构良好，可使运动员在运动过程中做一些诸如急停、起跳、频繁跑动、转身或左右摆动时鞋更为抱脚，不易松开。而鞋带是抱脚结构最为重要的结构之一，这也使许多厂家为增强篮球鞋的抱脚性和稳定性而不断设计推出新的鞋带结构，不断寻找更加优秀的鞋带制作材料。

目前，篮球鞋鞋带一般选用尼龙编织材料，这种材料具有弹性，不会过松或过紧，可使篮球鞋在运动中更抱脚、更稳固。专业级的篮球鞋一般采用方形的尼龙编织鞋带，而休闲类的篮球鞋一般采用椭圆形或圆形的鞋带，如图7-9、图7-10所示。

图7-9　方形鞋带

图7-10　圆形鞋带

（2）魔术扣

篮球鞋另一重要抱脚结构就是魔术扣了，它采用带状物进一步加强篮球鞋的抱脚性、稳定性和保护性。当魔术扣缠绕在脚弓上方的帮面时，是为了加强篮球鞋的包裹性和稳定性，如图7-11所示；当魔术扣缠绕在足踝位置时，则是加强了篮球鞋的保护性和抱脚性，如图7-12所示。

图7-11　脚弓上的魔术扣　　　　　　　　图7-12　足踝上的魔术扣

5. 篮球鞋常用装饰工艺

篮球鞋和其他运动鞋一样也需要装饰工艺的点缀，才能使其质感得到升华。篮球鞋常用的装饰工艺主要有印刷、高频、滴塑、热切、电绣和激光雕刻等。

（1）印刷

印刷时通过刮板的挤压，使油墨通过图文部分的网孔转移到承印物上，形成与原稿一样的图文（图7-13）。但是随着科技的进步、出现了更高层次的印刷工艺：油印、立体印刷等，其主要材料是普通油墨、3M材料（一种反光材料）等；立体印刷主要有发泡印刷、滴塑印刷、硅胶印刷、热固油墨印刷，形成立体效果。在运动鞋上常用的是发泡印刷，发泡印刷是将含有发泡剂的油墨印刷到承印物上后，然后通过加热使发泡剂汽化，在油墨层形成无数微小的气孔而产生立体图案，如图7-14所示。

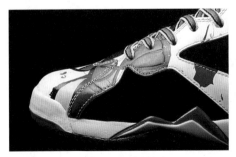 

图7-13　印刷　　　　　　　　　　　　图7-14　发泡印刷

（2）高频

高频是一种加热方式，在高频电场的作用下，材料分子间发生强烈摩擦而生热，材料内部由此不断产生热量，此时通过模具的压合作用可以在很短的时间内压出清晰的花纹图案而不会损伤材料，如图7-15所示。空压也是高频的一种。

图7-15　高频

图7-16　滴塑

（3）滴塑

滴塑是塑料行业中用注塑工艺加工出来的、适合篮球鞋等运动鞋的小块产品，常用在鞋眼、后套、侧身等位置，是TPU的另一种形式体现，一般都是质地较软的TPU，但也有橡胶材料制作的滴塑。滴塑一般被缝在材料之下，最明显的标记就是一般在滴塑的边上都会缝一圈线迹，如图7-16所示。

（4）热切

一般为塑料材质，但也有质地较软含有橡胶成分的材质，热切是将热塑性材料（如PVC等）通过加热的模具施加压力进行切割，并且"焊接"在帮面部件上，同时产生彩色浮凸花纹图案的一种装饰方法。热切为运动鞋常用工艺，在篮球鞋上一般以制作标志和图案居多，如图7-17所示。

（5）电绣

电绣一般采用绣花线或者丝质材料，因此具有自然、悦目的光泽，使得绣品格外亮丽诱人，能提高鞋的品位和身价。电脑绣花与刺绣原理相同，只是采用机器代替人工，多用在鞋舌、眉片、后套、侧身等位置，大部分都是作为点缀出现的。电绣除了继承前几种装饰在造型、色彩、质地等方面的变化外，最突出的是具有光泽上的变化，如图7-18所示。

（6）激光电脑雕刻

用激光雕蚀的办法在材料表面雕出花纹图案，一般作为点缀出现，是通过激光雕刻机的雕刻而实现的，如图7-19所示。但其成本高，应用时应考虑运动鞋的档次与成本。

图7-17　热切

图7-18　电绣

图7-19　激光雕刻

（二）鞋底材料

篮球鞋的鞋底一般是由橡胶、PU、MD、TPU等材料构成的。篮球鞋是一种功能性较强的运动鞋，因此它对材料性能的要求也比较高。

1. 橡胶

篮球运动对抗激烈，起动、急停、起跳等动作较多，因此篮球鞋需要耐磨性佳、防滑、有弹性、不易断裂、柔软度较好、伸延性好、收缩稳定、硬度佳、弯曲性好的材料，而经过加工的橡胶材料可以满足篮球鞋大底的各种需求，如图7-20所示。

图7-20　篮球鞋橡胶鞋底

2. PU 中底

高分子聚氨酯合成材料密度、硬度高，耐磨、弹性佳，有良好的耐氧化性能，不易腐蚀，利于环保，不易皱折。在篮球鞋上利用适量的 PU 材料，有助于篮球鞋的减震性和稳定性。但是 PU 材料也有缺点，放置时间久了会泛黄，因此它通常用在中底内包式的篮球鞋中，如图7-21所示。

3. MD 中底

MD 中底又称 PHYLON，属 EVA 二次高压成型品，轻便，有弹性，外观细腻，软度佳，容易清洗，硬度、密度、拉力、耐撕裂、延伸率佳，具有良好的减震性能，是篮球鞋中底的良好材料，如图7-22所示。

4. TPU

TPU 属于塑胶材质，拥有极大的可塑性，包括颜色、形状、软硬度等，所以更多地被用在篮球鞋制作上。它通常应用在鞋底的脚弓部位，起到稳定的作用；有时用在后跟或者帮面局部起到稳定和装饰的作用，如图7-23所示。

5. 碳纤维

由碳元素构成的无机纤维，纤维的碳含量大于90%，一般分为普通型、高强型和高模型三大类。它的作用和 TPU 一样，在篮球鞋上也用在脚弓部位，如图7-24所示。但是碳纤维的强度比 TPU 要强得多。

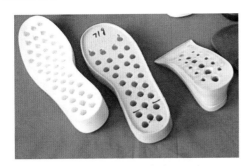

图7-21　PU 中底

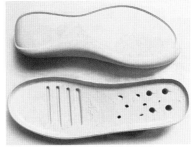

图7-22　MD 中底

图7-23　TPU 部件

图7-24　碳纤维部件

第四节　主要篮球鞋简介

一、后卫篮球鞋

后卫篮球鞋的造型相比前锋和中锋篮球鞋而言会相对轻巧一点。由于经常会有突然加速、突破的动作，所以对篮球鞋的稳定性和包裹性要求较高，因而后卫篮球鞋的结构比较流畅，也会通过魔术扣等配件来加强前掌的包裹性，在整体造型上有些跑鞋的设计风格。所以并不是所有篮球鞋都给人以稳重、厚实的感觉，也可以通过线条、部件分割来表现篮球鞋的轻盈，如图7-25所示。

图7-25　后卫篮球鞋

（一）后卫篮球鞋的造型特点

后卫篮球鞋的造型相对中锋篮球鞋来说要秀气一些，鞋头和后跟有一定跷度，其基本为中低帮设计，和网球鞋较相似，只是鞋底纹理比网球鞋要细一些。后卫篮球鞋的整体造型比较简洁，鞋头的视觉感受不像中锋篮球鞋那么厚重，有灵活、轻便感，如图7-26所示。

图7-26　后卫篮球鞋造型特点

（二）后卫篮球鞋的线条和结构特点

后卫篮球鞋的整体线条简洁、流畅，由于帮面较低，所以背中线弧度也比较平缓，帮面部件分割基本为平缓的曲线，如图7-27所示；其结构也比较简洁，和大部分篮球鞋一样为大块面的分割形式，中帮和后跟部件结构经常采用相互呼应的设计，如图7-28所示。

图7-27　后卫篮球鞋的线条特点

图7-28　后卫篮球鞋的结构特点

（三）后卫篮球鞋的外底设计

后卫篮球鞋外底设计多运用波浪纹，适于运动员做变向突破。当然也有人字纹，人字纹的大底设计在防滑性上具有最显著的特点与优良性。后卫需要不断控制球、变向、突然加速、突破，动作幅度较大，不需要特别大的力量，但一定要有爆发力，且后卫普遍体重较轻，因此鞋中底通常有稳定装置设计，如图7-29所示。

（四）后卫篮球鞋的材料应用

1. 帮面材料

一般选用的是天然皮革，中帮局部选用人造革（图7-30）。以 TPU 作为支撑时可以选用尼龙等化纤材料，这是一种类似织物的材料，高级尼龙非常透气，可以有效地减少鞋身的重量，也可以增加透气性。近年来制鞋科技发展日新月异，随着飞织、超薄热切、KPU 热熔等技术的成熟与广泛应用，篮球鞋的帮面材料选择也有了更多可能性与塑造性。

图7-29　后卫篮球鞋外底

2. 鞋底材料

外底采用高碳素耐磨橡胶，通常为人字形、波浪形底面，能提高运动时的防滑性能。中底一般运用 MD、PU 等材料，双密度结构设计，内侧和脚跟

图7-30　篮球鞋的材料

部位较硬，可有效矫正脚部翻转，提高运动时的稳定性，避免运动者受到伤害。前掌则较柔软，减震效果好，并提供起动及跳跃时有效的推进力。前掌部位的弯曲槽设计，使脚在活动时更加灵活、更加自然。

二、中锋篮球鞋

中锋篮球鞋大部分为高帮设计，能起到更好的保护脚踝的作用。鞋面结实，鞋身厚重感较强，鞋前头与其他类型篮球鞋相比较而言，更具有包裹性。因运动过程的特殊性，鞋中底通常有抗翻转装置设计。中锋还需要特别保护脚踝膝盖部位，因此普遍是气垫覆盖脚掌，能更好地缓冲脚掌瞬间落地的压力。

（一）中锋篮球鞋的造型特点

中锋篮球鞋由于采用高帮或超高帮设计，所以其整体造型沉稳、厚重，鞋头和后跟的跷度很小，且鞋头厚度较大。中帮和后帮沉稳、粗壮，以适应中锋球员的体重要求，在视觉上给人以力量感，如图7-31所示。

图7-31　中锋篮球鞋的造型

（二）中锋篮球鞋的线条和结构特点

中锋篮球鞋的整体线条简洁。由于中帮较高，使其背中线弧度较为陡峭；中锋篮球鞋的结构简单，帮面以大块面分割为主，但个别鞋款也会有动感的曲线结构设计。鞋底有一定厚度，一般为组合式结构设计，可赋予其更强大的减震、稳定等功能。中锋篮球鞋的线条和结构如图7-32所示。

图7-32　中锋篮球鞋的线条和结构

（三）中锋篮球鞋的外底设计

中锋运动员需要靠打、转身、抢篮板，因此鞋底纹路需要给予推进式单一方向的最大摩擦力，鞋底纹路一般比较简单，但仍然能感觉到脚底较强的摩擦力。纹路最常见的有水波纹底、人字纹等，但也有个别鞋款使用回形纹等传统纹样。在横向和纵向移动的基础上，中锋球员也经常会有快速转身的动作，所以前脚掌拇指跖趾关节处一般会有吸盘式的结构设计，如图7-33、所示。

图7-33　中锋篮球鞋的外底纹理

（四）中锋篮球鞋的材料应用

1. 帮面材料

中锋篮球运动鞋要求鞋帮面结实度强，因此鞋身材料多应用抗张强度大的天然皮革或者质地精细的超纤革。

2. 鞋底材料

大底一般采用高耐磨加碳橡胶；较高端的篮球鞋的中底采用MD材料，相对EVA中底而言，MD底具有不易变形的特点，且具有良好的减震性能，为脚后跟、脚踝提供优良的减震性。TPU是中锋篮球鞋鞋底常用的一种鞋底支撑材料，用于鞋底，能起到保护足弓、支撑中底力前移的作用，再加上TPU材料具有韧性强且质量轻的特点，增强了篮球鞋的稳定性和保护性。

第五节　篮球鞋设计案例

在篮球鞋系列中，虽然种类不多，但是由于篇幅有限，在此仅以中锋篮球鞋为案例展开设计；本设计主要以中国传统文化中的脸谱和兵器为设计素材，通过对兵器造型结构以及脸谱色彩分析，最后运用到该系列篮球鞋的设计中，从而提高篮球鞋的形象美感，在体现其视觉效果的同时，合理的结构与功能设计满足了篮球运动的需求，不同的脸谱颜色赋予各款篮球鞋不同的文化内涵。

一、设计思路

本案例通过脸谱等民族文化元素在篮球鞋设计中的应用，传播中国上下五千年的民族文化，旨在弘扬中国历史文化艺术的精粹，也为高节奏的现代生活增添一份沉静与淡雅。此系列篮球鞋设计主要以脸谱色彩与兵器作为设计素材，不同的历史颜色赋予篮球鞋不一样的个性与精神。

（一）设计构思——从构思到设计素材

1. 设计联想

（1）要设计什么样的篮球鞋——中锋篮球鞋。

（2）什么元素可以表达篮球场上的拼搏精神——历史人物、兵器。

（3）如何让篮球鞋赋予历史人物的精神——五虎上将等历史英雄人物。

2. 设计素材的选择

通过对历史文化素材的筛选，历史英雄人物五虎上将的脸谱和其所用兵器与此设计初衷相吻合，最终选择五虎上将的脸谱和其所用兵器为本案例的设计素材，如图7-34所示。

图7-34 设计素材

（二）设计方案

1. 结构设计

提取具有独特性的武将兵器元素作为篮球鞋的结构展开设计，鞋底造型设计与帮面造型设计相呼应。

2. 色彩效果

京剧脸谱中每个颜色都有其特定的意义，选取代表赤胆忠心的红色和代表刚强勇猛的蓝色与代表骁勇善战的黄色，赋予各款篮球鞋不同的精神角色与文化内涵。

二、设计过程

对兵器的造型结构与脸谱的色彩进行解构与重组，结合篮球鞋的结构特点展开设计，同时，也借此作品的内容与独特的艺术形式呈现给观者，让人们在欣赏之余可以感受民族文化与设计美学相结合的独特美感。

（一）元素提取与应用

兵器给人的感觉就是坚硬、刚强，这种气势之美与篮球鞋的感觉相吻合。通过分析各种兵器的形状、线性关系，进行分割重组设计。解构提取兵器形状运用在运动鞋的鞋底上，使鞋底的设计既有兵器的硬朗与霸气，又符合篮球鞋鞋底的合理性与功能性，如图7-35所示。

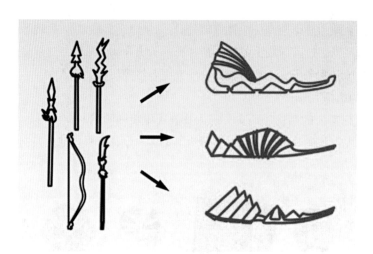

图7-35　元素的提取与应用

（二）色彩提取

　　在京剧当中，每个人物角色脸谱的描绘都十分讲究，每种颜色都有其特定的含义，不同含义的色彩绘制在不同图案轮廓里，人物就被性格化了。此系列篮球鞋的色彩应用正是提取一些比较有正面代表性的色彩，使色彩与兵器赋予篮球鞋英雄果敢、骁勇善战的姿态，如图7-36所示。

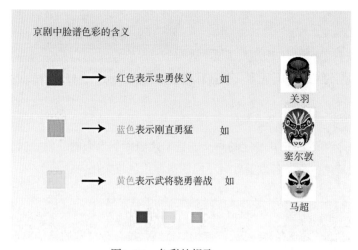

图7-36　色彩的提取

三、设计图稿、效果图与配色

（一）草图发想

　　在草图发想阶段，该案例根据历史英雄人物的兵器展开发想，将张飞丈八蛇矛的折线、关羽青龙偃月刀的半月形、马超龙骑枪的锋芒与篮球鞋的结构相结合并展开设计，应用形式美原理对设计素材进行解构与重组，使之符合篮球鞋的结构特征，如图7-37所示。

图7-37　草图发想

（二）效果图与配色

1. 作品描述（一）

本款设计色彩主要采用的是代表忠勇侠义的红色，也表达了速度与激情，如图7-38所示。鞋底的设计则是提取张飞丈八蛇矛的折线设计，使整只鞋更具动感。后跟的PU承托装置设计则保证了后跟的稳定性。

2. 作品描述（二）

本款设计提取弓箭做鞋底边侧护板的特殊设计，防止脚侧翻，更好地保护了脚。色彩的应用则是提取了代表刚直勇猛的蓝色，简洁的结构和配色暗示着刚强且干净利落，如图7-39所示。

图7-38　效果图与配色（一）

图7-39　效果图与配色（二）

3. 作品描述（三）

此款鞋的设计延续了前两款注重对足部的包裹性的特点，鞋子侧边的包裹和后跟承托设计都更好地保护了脚踝。鞋头的冲孔以及鞋舌、帮面的网布与后跟的孔状面衬都使鞋子更加透气，颜色上主体采用代表武将骁勇善战的黄色，局部使用黑色与银色进行装饰，如图7-40所示。

图7-40　效果图与配色（三）

四、设计特点与创新

该系列设计的特点是把兵器结构的造型、线条以及夸张的形态，运用在篮球鞋的造型结构和功能设计中，从而增强了该系列篮球鞋的独特性与实用性，并提高了其舒适性。

该系列设计的创新之处是通过对素材的解构与重组，把这些元素巧妙地应用到篮球鞋的造型结构中，对篮球鞋的结构进行夸张想象，这种夸张既可以是夸大的，也可以是缩小的，然后根据篮球鞋的结构特点、设计要求进行修改，从而得到一个全新的造型。

五、最终效果图——版式设计

根据版式设计的形式美原理进行最终效果图，如图7-41至图7-43所示。

图7-41　最终效果图（一）

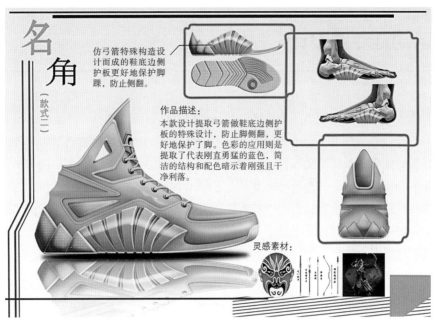

图7-42　最终效果图（二）

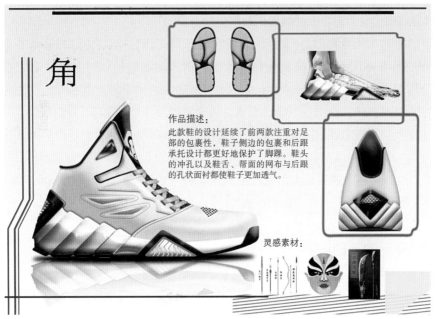

图7-43　最终效果图（三）

第八章
户外运动鞋专题设计

户外运动鞋在运动鞋领域是一个较新的名词，泛指从事不同类型户外运动各具不同功能运动鞋的总称。户外运动作为特殊的运动形式，不过几十年的历史，而被概括为户外运动的某种运动形式的历史则会更长些。随着登山活动的开展，登山鞋问世了，这些早期在小作坊人工缝制的登山鞋，经历了数代人的改进与革新，工艺技术有了突飞猛进的发展，特别是先进机器和现代高科技材料的应用，使登山鞋的性能有了较大提高。当登山鞋的含义不能准确地涵盖各类户外运动所需的不同特性时，于是有了户外运动鞋的概念，以户外运动鞋概括这类鞋，从其涵盖意义上则更准确。

第一节 户外运动的特点

户外运动是一个范围较大的称谓，它是在自然场地举行的集体项目群。其中包括登山、攀岩、悬崖速降、野外露营、野炊、定向运动、溪流、探险等项目，户外运动多数带有探险性，属于极限和亚极限运动，有很大的挑战性和刺激性。

户外运动的基本特点是以自然环境为运动场地，有回归自然、返璞归真的特征，户外活动无一例外地具有不同程度的挑战性和探险性，强调团队精神，对身体、意志有全面的要求，是综合性很强的活动；户外运动与其他运动项目的最大不同，就是参与性很强，年龄可大可小，方式也很多样，登山、远足、渡水、露营等都可以，类似于"体育超市"，可以自由选择，不断变换，形式自由，这有利于个性张扬，挖掘潜能，也顺应了社会时代潮流发展的需要。

近年来户外运动越来越吸引人们的目光，日益成为关注的焦点。另外，由于我国地理条件的得天独厚，拥有良好的广大自然资源，也为户外运动提供了一个广阔的空间。

第二节 户外运动鞋的分类

由于户外运动的种类较多，从而使得相应的户外运动鞋种类也较多。归纳起来大致可以分为七大种类。

1. 高山靴

高山靴适用于冰、雪、岩混合地形，给登山者提供可靠的安全和保暖性能，如图8-1所示。鞋底坚固且很硬，基本上不能弯折；鞋帮坚硬，内里填充有厚而保暖的材料；一般在海拔7000m雪山以上穿用的高山靴大都是双层靴，就是鞋子里面还有一个可以拿出来的内靴。在海拔7000m以下穿用的是单层靴。鞋前后跟留有卡槽，与冰爪配合可以用于高海拔登山，这种鞋类适用于

图8-1　登山高山靴

图8-2　攀冰高山靴

专业登雪山以及攀冰等，如图8-2所示。

2. 长途穿越鞋

此类户外鞋主要用于大背负、长途徒步活动，涉及地形往往到雪线附近等荒无人烟、人迹罕至的地方。此类鞋的鞋底也很坚硬，鞋底纹路很深（通常在5mm以上），高帮设计（一般18~23cm），鞋面以全部使用天然皮革居多，通常配有 GORE-TEX（戈尔特斯）等防水透气面料，如图8-3所示。

这种鞋子一般刚穿时很不适应，因为鞋底较硬，感觉走路不是那么灵活，其实如果真的走到复杂地形的穿越和徒步，就知道为什么鞋底要做得这么硬了。首先背包自重比较大，如果鞋底软的话，走在尖锐的乱石堆上，那么自身加上背包的重量，会使脚掌痛苦不堪；另外，硬质鞋底给脚掌有力的支撑，而高帮则对脚踝起保护作用，可防止脚腕扭伤。

图8-3　重装长途穿越鞋

3. 中型徒步鞋

中型徒步鞋主要用于背负较重、出行时间较长的户外活动，涉及地形比较复杂，多碎石、坡路。此种类户外鞋在考虑到耐用和保护的同时，兼顾了一定的柔软度（鞋帮和鞋底）。通常也是高帮，帮面有使用天然皮革的，也有用皮面和一些高强度尼龙纤维混合制成的，都有防水透气功能。中型徒步鞋是大多数背包族最常规选用的一类户外鞋，也是适用度最广的一类户外鞋，如图8-4所示。

4. 户外健行鞋

户外健行鞋主要适用于背负较少的、2天左右的户外活动，适用于路况较好、活动强度不大的环境，比如周末游、旅游、野营等活动。此类鞋因为环境状况较好，对于保护功能要求不高，而对舒适度要求反而更高。这样的鞋子轻便、柔软、舒适，中帮或低帮设计，即使遇

图8-4　中型徒步鞋

到多变的路面状况和自然环境也可以从容应付，如图8-5所示。

5. 越野跑鞋

适用于日常和城市户外休闲运动穿着使用，灵活、轻便，舒适度好。相比较一般运动鞋，越野跑鞋更注重缓冲和支撑性能，同时也比一般的运动鞋更注重抓地力和防水透气性，如图8-6所示。

图8-5　短程健行鞋

图8-6　越野跑鞋

6. 沙滩鞋、溯溪鞋

沙滩鞋是由鞋面和鞋底两部分连接而成。鞋面部分采用绵纶或涤纶面料制成，其优点是有弹性，不易吸水。鞋帮部分配有紧固带，其功能在于可以使沙滩鞋与脚底的凹面部分紧密地贴在一起，鞋与脚形成一体，可避免在游泳时鞋子脱落，同时也有减少阻力的作用。脚底部采用弹性橡胶底，其功能在于防止脚底被贝壳或硬石子扎伤，如图8-7所示。

户外凉鞋或溯溪鞋的防滑性要求高，面料通常为尼龙布织物或 PU 革面料拼接，要求速干。溯溪鞋对脚的包裹和保护性要求稍高，如图8-8所示。

图8-7　沙滩鞋

图8-8　溯溪鞋

溯溪鞋是经常出水和入水的，这就要求鞋子的排水性要好，而且泥沙也能随水一同排出，减少对脚部的磨损。

7. 攀岩鞋

攀岩鞋是专门为攀岩运动设计制作的鞋子，如图8-9所示，一般用轻便、柔软、粘贴性较强的橡胶为底，以方便攀岩运动者在岩壁上更好地使用蹬踏等技术动作；橡胶上翻的设计让脚可以踩得更稳；用橡胶

图8-9　攀岩鞋

包裹的踝部方便攀岩者在岩壁尤其是负角岩壁上用脚跟做出"勾"的动作。

第三节 户外运动鞋的特点

户外运动鞋源自欧洲，在充满传奇色彩的阿尔卑斯山，户外旅行是人们不可或缺的乐趣，功能强劲的登山鞋也就由此而生。真正的专业户外登山鞋首要特点是优越的防水功能，这是绝大多数普通运动鞋不具备的。在舒适的基础上，专业登山鞋要求既防水又透气，因为在冬天穿防水性能差的鞋登山是很危险的，湿脚散热的时间是干脚的23倍，很容易把脚冻伤。传统的油浸皮革和表面拨水剂都不能完美解决防水问题，真正能达到目的还是 GORE—TAX 等防水透气薄膜，如图8-10所示。

图8-10 防水透气网布用于帮面

一、户外运动鞋的造型特点

户外运动鞋的造型和篮球鞋类似，都比较沉稳、厚重，但显然户外运动鞋要比篮球鞋重得多；帮面的造型和篮球鞋差不多，都是大块面的分割，比较简洁；户外运动鞋的大底纹路设计十分讲究，如同 F1方程式赛车在不同的气候条件和路况选用不同的轮胎一样，户外运动鞋鞋底花纹粗大，沟槽很深，以提高抓地性，起到防滑的作用，如图8-11所示。

图8-11 户外运动鞋的造型特点

二、户外运动鞋的线条特点

户外运动鞋的线条也是较粗壮的，视觉感受上鞋头粗大、圆润，整体沉稳、厚重，如图8-12所示。专业的登山鞋很重、很坚固，厚实、保暖，有的还有塑料外壳的双层设计，有的鞋底还可以卡上冰爪或滑雪板。

图8-12 户外运动鞋的线条特点

三、户外运动鞋的结构特点

户外运动鞋从外观上看，结构比较简单，但其实不然，它结构设计是很讲究的，帮面结构设计要舒适、柔和又坚固，能提供重量轻、耐磨并与脚型相符的结构，前脚掌空间余度合理，脚跟稳固牢靠，鞋头一般有坚固的塑钢结构设计，保护脚趾不受伤，如图8-13所示。户外登山鞋大底主要由橡胶材料和机织碳素板构成，以增

图8-13 户外运动鞋的结构特点

强攀登时的稳定性和保护性，同时保证鞋底的硬度。鞋舌结构的设计要高、厚，更要紧贴脚面，鞋舌应不易移动、不错位。

四、户外运动鞋的材料特点

1. 帮面材料

一双性价比高的户外运动鞋，与制鞋所用的材料有关，因为所用的材料直接影响了鞋的价格。通常一双户外运动鞋使用的材料为天然皮革、网布、防水材料（SYMPATEX、KING-TEX 等）、海绵、鞋垫、中底板和大底等。一双全皮的户外运动鞋，其中皮革成本占了全鞋成本50%，因此，如果选择皮质的户外运动鞋，皮革很重要，皮革可分为头层革和二层革，二层革即反毛皮，与头层革相比，价格相差大，头层革因制作工艺的不同，价格差异也较大。

（1）皮革材料

如图8-14所示，户外运动鞋的皮革一般选用牛皮革或羊皮革等，牛皮革中最优质的为黄牛皮革，其次是牦牛皮革，再次是水牛皮革。皮革为天然原料制成，质量有参差不齐之特质，即使同张皮革其各部位组织也不完全相同，因此很难做到整批性或整张性色泽完全均匀一致（重涂饰皮革除外），尤其是涂饰层较薄的皮革。刺伤、血管痕、颈纹、白点等均为原料的天然瑕疵。因此采用天然皮革制作的登山鞋，工厂通常进行配双生产，力求减少色差的影响。登山鞋使用 SYMPATEX、KING-TEX 等防水材料，其采用的皮革、泡棉等内部材料都需经过防水处理。鞋线等也需防水，其作用是尽量减少虹吸现象，避免水从防水透气材料制作的袜套上方倒灌。这类经防水处理的材料价格也远高于未经处理的材料。

图8-14 户外运动鞋的皮革材料

（2）纺织面料

如图8-15所示，户外运动鞋的纺织面料一般选用具有较好防水效果的网布、帆布等，也可选用尼龙布等化纤材料。防水网布是网布与防水透气薄膜结合的产物，这种材料能有效隔绝水分进入鞋内，但又保持保暖性和透气性，能使脚部在冬季户外运动时不会被冻伤。鞋用帆布一般都选用细帆布，织物坚牢、耐折，具有良好的防水性能，常用于防水运动产品、汽车运输和露天仓库的遮盖以及野外帐篷等。

图8-15 户外运动鞋的纺织材料

2. 鞋底材料

如图8-16所示，从大底侧面看，户外运动鞋的鞋底也是由中底和外底两部分组成的。户外运动鞋的 MD 中底是 EVA 的二次高温高压成型中底，一般用于篮球鞋、户外运动鞋等；外底一般都选用橡胶材料，因为橡胶大底具有耐磨、抓地、防滑等优点，而这些恰是运动鞋所

图8-16 户外运动鞋的鞋底材料

需要的。

由于户外运动的地面情况比较复杂，经常是泥土、坑洼路况，因此鞋底花纹要求块面较大且沟槽要深，这样才能深入地表起到抓地作用；而不规则形态的花纹则有利于防滑与抓地性。

第四节　主要户外运动鞋简介

一、长途穿越鞋

1. 长途穿越鞋的造型特点

长途穿越鞋的整体造型沉稳、厚重，一般为高帮设计，鞋头造型较厚，后帮较为粗壮，鞋底整体造型与篮球鞋相近，但比篮球鞋要厚重一些，也更为坚硬，如图8-17所示。鞋底纹理粗大，沟槽较深，如图8-18所示。

图8-17　长途穿越鞋的造型　　　　　　图8-18　长途穿越鞋的鞋底

2. 长途穿越鞋的线条特点

长途穿越鞋的整体线条比较流畅，帮面线条基本以直线和平缓曲线为主，如图8-19所示。鞋底线条也基本比较平缓，但也有一些较为短促的小曲线。

3. 长途穿越鞋的结构特点

长途穿越鞋的结构和大部分户外鞋相似，帮面基本以大块面分割为主，鞋头有较为坚硬的塑钢结构设计，后跟也有坚硬的稳定结构，鞋底结构比较简单，基本以方形的底花为主，但沟槽都比较深，如图8-20所示。

图8-19　长途穿越鞋的线条特点　　　　图8-20　长途穿越鞋的结构特点

4. 材料特点

（1）帮面材料

长途穿越鞋的帮面材料基本以防水皮革、防水纤维面料为主，鞋头一般采用硬质的塑钢材料，后跟则采用硬质橡胶，起稳定与保护的作用，鞋带固定方式使用铁扣替代鞋眼孔。

（2）鞋底材料

长途穿越鞋的鞋底材料一般为硬质橡胶，且为一体式设计，少部分为分体式设计，一些高端的穿越鞋鞋底中间会夹有钢片，具有防刺穿的功能。

二、户外健行鞋

户外健行鞋主要为负重较少的户外活动所设计的，适用于路况较好、强度不大的户外活动，比如周末游、野营等。此类活动的路况环境较好，因此对鞋的保护功能要求就没那么高，而是要求有更高的舒适性，所以户外健行鞋拥有轻便、柔软、舒适的特点，帮面上一般为中低帮设计，这样即使偶然遇到多变的路面状况和自然环境也可以从容应付。

这类鞋的鞋面是用羊皮革与化纤合成材料制成，鞋底采用胶塑材料，鞋里采用具有一定透气性的化纤材料，由于 GOTE-TEX 面料应用十分广泛，即使是健行鞋，在雨雪天气也会使穿用者在潮湿的环境中，保证脚部的干燥舒适。

1. 户外健行鞋的造型特点

户外健行鞋一般为中低帮设计，相对登山靴和长途穿越鞋而言其造型要轻便一些，和篮球鞋差不多，相对其他运动鞋来说还是比较沉稳、厚重的，如图8-21所示。由于运动环境相对较好，所以健行鞋的鞋头较少使用塑钢设计，一般为橡胶材料，因此鞋头厚度和篮球鞋相似。鞋底为分体式设计，造型细节丰富。

2. 户外健行鞋的线条特点

户外健行鞋的整体线条比较流畅，帮面线条基本以曲线为主，增加了流线感和运动感，如图8-22所示。鞋底线条也以曲线为主，与帮面线条相呼应，有较多短促的小曲线。

图8-21 户外健行鞋的造型特点　　　图8-22 户外健行鞋的线条特点

3. 户外健行鞋的结构特点

户外健行鞋的结构和越野跑鞋相似，帮面基本以小块面的曲线分割为主，鞋头取消了塑钢结构设计，以橡胶材料替代，后跟稳定结构也取消，而把相应的功能集中在鞋底上，因此户外健行鞋的鞋底结构就比较复杂，基本以分体式设计为主，鞋底沟槽深度进一步减小，如图8-23所示。

4. 户外健行鞋的材料特点

（1）帮面材料

户外健行鞋的帮面材料基本以羊皮革与化纤合成材料为主，鞋头一般采用硬质橡胶材料，后跟和中帮一般为皮革和防水化纤材料，以增加其舒适性，鞋带固定方式使用铁扣或织带替代鞋眼孔，如图8-24所示。

图8-23　户外健行鞋的结构特点

图8-24　户外健行鞋的材料特点

（2）鞋底材料

户外健行鞋的鞋底为分体式设计，外底材料一般为橡胶或硬质橡胶，中底材料一般为EVA、MD或PU等，其颜色一般为土黄、咖啡、灰色或黑色。

三、越野跑鞋

一些高端越野跑鞋鞋头会使用TPU注入鞋头，防止脚趾被碎石等撞伤，其帮面也更具韧性，防止被刮坏，鞋带也会采用快速鞋带系统，如图8-25所示。

为应对野外崎岖不平或易滑的路面条件，越野跑鞋根据使用者的实际要求，灵活地将跑鞋和户外鞋的优点相融合，既可以应对恶劣的户外使用环境，又可以保证使用者的舒适性，这是户外跑鞋和徒步鞋共同拥有的优点。但越野跑鞋的鞋底有更强悍的抓地性能，中底大多

图8-25　越野跑鞋的快速鞋带系统

填充有缓冲材料，适合于在崎岖路面上行走奔跑。越野跑鞋的鞋底除了比较软以外，还具有较好的支撑性、避震性和稳定性，其鞋底有许多明显的凹槽设计以增加抓地力，应付多变的地形，同时因为野外跑步常会遇到涉水的情况，因此许多越野鞋款会使用防水、排汗的GORE-TEX材料以降低足部浸湿的问题。

1. 越野跑鞋的造型特点

越野跑鞋的整体造型和跑鞋比较相似，但比跑鞋要粗壮一些，如图8-26所示，整体造型灵活、动感。一般为低帮设计，极少数会有中帮的设计；鞋头造型厚度中等，比穿越鞋薄，比跑

鞋厚一点；鞋底造型厚度适中，但鞋底花纹比跑鞋要深和粗一些。

2. 越野跑鞋的线条特点

帮面线条基本以流畅的曲线、折曲线为主，增加了结构的流线感和运动感；鞋底侧墙线条以曲线为主，外底线条有较多短促的小曲线，以增加更多的底纹来增强抓地力，如图8-27所示。

图8-26　越野跑鞋的造型特点　　　　图8-27　越野跑鞋的线条和结构特点

3. 越野跑鞋的结构特点

越野跑鞋的结构和跑鞋较相似，帮面基本以小块面的曲线分割为主，有的鞋款在鞋头有保护性的橡胶结构设计。部分高端鞋款后跟会有保护、稳定结构设计，而鞋底也相应地有减震、支撑和抓地等结构设计。鞋底结构比较复杂，基本以分体式设计为主，鞋底沟槽深度进一步减小，但比跑鞋要深一些，底花也相对要粗一些，图8-28所示。

4. 越野跑鞋的材料特点

（1）帮面材料

越野跑鞋的帮面材料与跑鞋相似，基本以皮革与化纤合成材料为主，高端鞋款鞋头会使用硬质橡胶材料，后跟和中帮一般为皮革和防水化纤材料，以增加其舒适性，中帮至鞋舌部分使用普通材料和传统的鞋眼孔，如图8-29所示。

（2）鞋底材料

鞋底为分体式设计，外底材料一般为橡胶或硬质橡胶，中底材料一般为 EVA、MD 或 PU等，其颜色一般为土黄、咖啡、灰色或黑色。

图8-28　越野跑鞋的鞋底　　　　　　图8-29　越野跑鞋的材料特点

第五节　户外运动鞋设计案例

由于户外运动鞋种类较多，在此无法一一举例，仅以越野跑鞋设计为例介绍如下。

一、设计思路

该设计案例的灵感来源于斜拉悬索桥和帆船，将斜拉悬索桥上的悬索和帆船风帆上的高性能纤维应用在帮面的结构设计中，如图8-30所示。

图8-30　越野跑鞋效果图

二、设计过程

1. 元素提取与应用

帮面的结构设计主要是将悬索桥的斜拉线和越野跑鞋的结构相结合，然后进行形式美的优化；帮面网布材料选用类似帆船风帆上的高性能纤维网布。具体素材如图8-31至图8-33所示。

图8-31　设计素材——悬索桥

图8-32　设计素材——风帆

图8-33　设计素材——迪尼玛超高相对分子质量聚乙烯纤维

2. 草图发想阶段

根据悬索桥、风帆等设计素材进行草图发想，绘制系列草图；将悬索桥斜拉线的流畅感、风帆材料的坚韧性应用到系列设计中，如图8-34至图8-37所示。

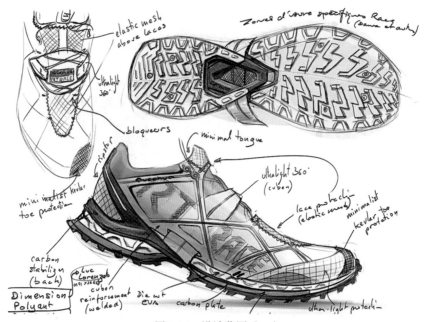

图8-34　设计草图（一）

图8-35　设计草图（二）

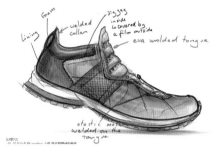

图8-36　设计草图（三）

图8-37　设计草图（四）

3. 色彩元素、材料、工艺的选择与应用

对于色彩的选择，突破了传统越野跑鞋的固有配色，选用了高亮度的橘红渐变，在视觉感受上比较突出，使人觉得户外运动充满激情与活力，但是在鞋头、后跟部位和鞋底仍然选择传统越野的颜色，如图3-38、图8-39所示。

在材料的选择上其帮面主材选用高性能纤维制成的网布，而帮面结构使用 TPU 热切工艺；360束缚带选用迪尼玛超高相对分子质量聚乙烯纤维材料；鞋底稳定装置选用碳纤维材料，中底选用弹性更佳的 MD 中底，外底则选用硬质橡胶以增强其抓地性与耐磨性，如图8-40所示。

图8-38　帮面色彩与材料

图8-39　鞋底色彩与材料

图8-40　帮面、鞋底所用材料

三、设计方案、细节设计与配色方案

1. 设计方案

在系列草图中最终选择了图8-37所示的草图为最终方案，并展开帮面和鞋底的细节设计，帮面设计如图8-38所示，鞋底最终设计方案如图8-41所示。

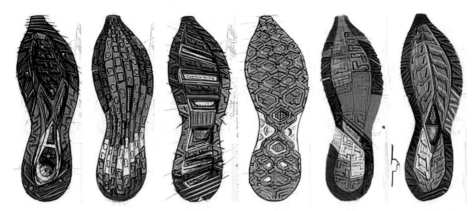

图8-41　鞋底设计方案

2. 细节设计与配色方案

在帮面的设计方案中，我们有几个细节不同的方案进入样鞋的制作，而鞋底的设计方案最终只选择了一个方案，毕竟鞋底开发成本太高；在配色上选择了高纯度、高明度的醒目配色方案。具体的细节方案如图8-42至图8-44所示。

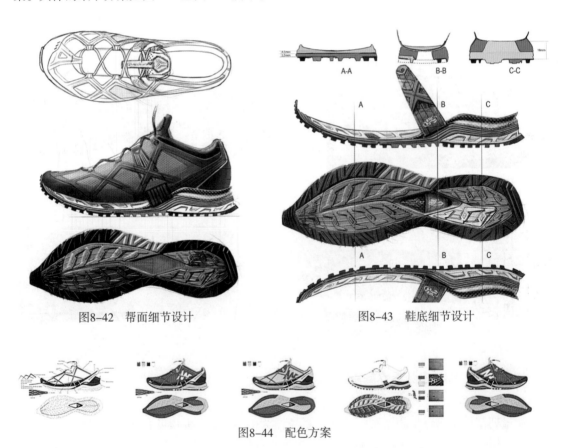

图8-42　帮面细节设计　　　　　　　　　　　图8-43　鞋底细节设计

图8-44　配色方案

四、设计创新与工艺

本案例的设计创新主要是将悬索桥的斜拉线和越野跑鞋的结构相结合，然后进行形式美的优化，使用 TPU 热切工艺将其热切在帮面的高性能纤维网布上，如图8-45所示；中帮的360包裹带也来源于风帆上的高性能纤维，360束缚带选用了迪尼玛超高相对分子质量聚乙烯纤维材料，以增强整体的包裹性。鞋底稳定装置选用碳纤维材料，这将额外给予脚掌良好的稳定性和反弹。外底设计使用较少的硬质橡胶，在提供良好抓地性与耐磨性的同时并减轻了重量，在鞋底中间开孔位置可以看见碳板和360包裹束缚带，如图8-46所示。

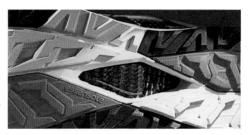

图8-45　设计创新与工艺　　　　　　　　图8-46　碳板和360束缚带

五、样品试制与最终效果成品

根据设计方案进行效果图的绘制，并进行样鞋的试制与成品制作，如图8-47至图8-50所示。

图8-47　试制样鞋（一）　　　　　　　　图8-48　试制样鞋（二）

图8-49　成品制作（一）　　　　　　　　图8-50　成品制作（二）

第九章
设计案例

第一节 特步"烽火鞋"系列

"烽火鞋"系列结合了传统文化烽火的图案进行设计，提取传统文化元素，传承民族文化。特步烽火鞋从第一代一直延续到第十五代，以其独特之处使一个鞋款系列存活延续至今。结构设计以流畅为主，主要分割应用流线型的烽火形状，从后跟开始延伸，呈放射状，个性的年轻一代喜欢较为流畅的结构，给人新锐的感觉。"烽火鞋"延续了特步经典的火焰图纹，帮面设计为天然皮草，有五种颜色，其中金色颜色更炫目。

一、第一代"烽火鞋"

2002年，特步公司签约香港艺人谢霆锋，成为第一家和娱乐明星携手的中国体育品牌，同年，特步公司推出明星产品——第一代烽火鞋，如图9-1所示，灵感来源于谢霆锋的吉他火焰图纹，象征特步永不熄灭的进取与开拓精神。该系列自推出后在当年一举走红，创下了单款销售120万双的传奇，至今无人打破。

图9-1 第一代"烽火鞋"

二、第二代"烽火鞋"

主要以篮球鞋为主，更加巧妙地应用中国脸谱元素并加入了特步烽火元素，无论局部或整体，无不表现王者风范，如图9-2所示。

图9-2 第二代"烽火鞋"

三、第三代"烽火鞋"

设计理念来自喜马拉雅山山峰，以体现世界最高峰的高耸硬朗，而帮面则应用渐变的工艺表现烽火元素，表达出世界之巅令人折服的气势，寓意特步的发展事业勇攀高峰，如图9-3所示。

四、第五代"烽火鞋"

主要以基础跑鞋为设计主体，并加入了最新的电雕工艺和变彩印刷工艺的火焰图纹来体现特步鞋品的科技实力，如图9-4所示。

图9-3 第三代"烽火鞋"

图9-4 第五代"烽火鞋" 图9-5 第六代"烽火鞋"

五、第六代"烽火鞋"

主要借鉴 F1 赛车设计理念，运用渐变的设计手法将 F1 赛车排气管喷出的火焰表现得淋漓尽致，表达出"速度与激情"的设计理念，也预示着特步公司的飞速发展，如图9-5所示。

六、第七代"烽火鞋"

主要以夏季火一样炎热的天气特征为基本表现，以流动的火为设计理念，注重鞋底和帮面的搭配，增加舒适性和透气性，增加第七代烽火鞋的生命力，如图9-6所示。

七、第八代"烽火鞋"

主要以第六代的烽火鞋为基础，在造型上更注重鞋底和帮面的搭配，更加体现运动和时尚的完美结合，如图9-7所示。

图9-6 第七代"烽火鞋" 图9-7 第八代"烽火鞋"

八、第九代"烽火鞋"

主要以壁虎吸附墙壁的仿生设计理念，设计更具抓地性、支撑性的功能性鞋底；以奥运圣火为设计理念，运用了多种工艺的火焰图纹设计展示了特步鞋品从形到质的转变，如图9-8所示。

图9-8 第九代"烽火鞋"

九、第十代"烽火鞋"

主要以面谱风格来体现，推出了春季版和秋季版，针对不同的季节，因地制宜地采用不同的材料和工艺，满足消费者不同的需要。帮面流动的火焰图纹采用无缝热切工艺，鞋底双重缓震支撑功能，使鞋底设计更具科技感，消费者获得特步飞一般的功能体验，如图9-9所示。

图9-9　第十代"烽火鞋"

十、第十一代"烽火鞋"

第十一代"烽火鞋"是第十一届全运会的专属款，灵感来自运动精神。整体形象霸气十足，鞋舌部位"决"字采用刺绣工艺，意寓做任何事情，心够决，定成王。鞋底独有的双向式减震系统设计，在全方位感受减震效果的同时，更能有效提高运动的灵活性；帮面上采用立体刺绣和二次热切工艺的火焰图纹，更加富有品质感，帮面应用多种纹格纹理，最大程度满足不同消费者的需要，如图9-10所示。

图9-10　第十一代"烽火鞋"

十一、第十二代"烽火鞋"

从概念上进行了革新，令跑鞋的外形更加时尚。第十二代"烽火鞋"使用的双向平衡减震技术增加了鞋的舒适性，同时大面积电绣图案也满足了消费者对时尚审美的追求，赋予"烽火鞋"更丰富的内涵，如图9-11所示。

图9-11　第十二代"烽火鞋"

十二、第十三代"烽火鞋"

延续烽火系列时尚、个性、炫酷、大气的设计理念。鞋舌上"决"字为logo，表达出特步追求第一时尚的决心；刺绣工艺增加鞋子的品质感，如图9-12所示。鞋底采用"X"形TPU作为减震支撑结构，能够起到良好的减震反弹效果，果冻胶的置入让鞋底产生吸震性能，减少运动对脚部的伤害，带给消费者全方位、无与伦比的穿着体验。特别定制的鞋带与内里，让第十三代"烽火鞋"更加与众不同。

图9-12　第十三代"烽火鞋"

十三、第十五代"烽火鞋"

提取西方火龙红的鳞片、蝙蝠形巨翼以及它犀利的牙爪武装自己，力求打造出特步潮流的全新魔幻风潮，吸引消费者的视线，带给消费者全新的视觉盛宴。整款鞋造型夸张，设计大胆，配色张扬，带给人们更加炫酷的视觉冲击力，以及无限的魔幻魅力，如图9-13所示。

图9-13　第十五代"烽火鞋"

第二节 优秀作品赏析

以下作品为教学过程中学生的获奖作品和平时课程的优秀作品。

一、大黄蜂（蔡超群设计）

该设计获2010"真皮标志·新致富杯"中国鞋类设计大赛金奖，如图9-14所示。

这是以大黄蜂为仿生对象的一款篮球鞋，整体给人一种霸气、稳重的感觉。在造型上线条流畅、硬朗，充满力量；帮面动感的翅膀造型，有一种振翅飞翔的速度感；黑与黄色彩的经典搭配，很有视觉冲击力。在一些细部件的搭配上同样也很有创意，起到很好的装饰作用，兼有功能性。

二、变形金刚（彭滔设计）

此款篮球鞋的设计灵感来源于《变形金刚》里"optimus prime"角色，如图9-15所示，他是和平、自由的化身，是最勇猛的战士。帮面的设计以他千变万化的几何造型展开设计；鞋舌的设计以古代盾牌为题材，给人以威严、神圣不可侵犯的感觉；红、黑经典的配色，彰显霸气和魅力，象征运动员在球场上勇猛无敌、傲视群雄的气势和无穷魅力。但另一方面，鞋底受力分析、人体工程学理论分析可能不是很到位，也需要进一步研究和努力。

图9-14 大黄蜂　　　　　　　　　　　图9-15 变形金刚

三、绿色畅想未来（丘马金荣设计）

该设计获2012"真皮标志·新濠畔杯"中国鞋类设计大赛金奖，如图9-16所示。

设计灵感来自对绿色的联想和展望，未来世界"绿色"必将演绎到底。绿色，生机勃勃，赏心悦目；绿色，与生命、生态紧密相连。在生活节奏日益加快的未来世界，绿色将成为一种崭新的生活理念，享受绿色生活、享受低碳，不仅仅是一种时尚，更是时代的迫切需求，也是未来社会的积极命题。

图9-16 绿色畅想未来

四、赤兔之怒（丘马金荣设计）

该设计获2011年"西部鞋都杯"鞋类产品设计大赛银奖，如图9-17所示。

此款鞋所采用的是快速表达技法，设计灵感来自赤兔马。赤兔马浑身赤红、光彩夺目、神采飞扬，此款鞋应用霸气的鞋型来体现赤兔马的另一面，显现出其闪电般的速度，王者般的气质，正如世人所说"人中吕布，马中赤兔"，霸气十足。但是在细节部分还要进一步深入和完善。

五、中国风（彭祯贤设计）

该设计获2012"真皮标志杯"中国鞋类设计大赛中国元素演绎奖，如图9-18所示。

这款鞋的灵感来源于中国的早期文字，是与中国特色的建筑样式和纹理相结合而设计的复古篮球鞋。中华文化历史悠久、源远流长，把这些元素结合在鞋子上，赋予鞋更多的文化内涵，让鞋更有意义。这款篮球鞋整体造型大方稳重，在颜色搭配上也很有历史感。

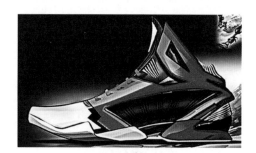

图9-17　赤兔之怒

图9-18　中国风

六、蝶韵（韦秋珍设计）

该设计获2011"真皮标志杯"中国鞋类设计大赛银奖，如图9-19所示。

这是一款具有浓郁仿生设计风格的篮球鞋，设计灵感来源于蝴蝶。鞋后跟部分引用了蝴蝶翅膀的造型，同时加上向前倾斜的鞋身，寓意着勇往直前的体育精神，这就是"蝶韵"所要传递的精神内涵。整个鞋子和谐的配色给人以稳健之感。在鞋底部分采用了汽车的减震系统，能够使运动员更好地发挥。

图9-19　蝶韵

此款鞋子的不足之处在于鞋底有点厚实，导致鞋子看上去有点笨重。

七、剪纸艺术（蔡小康设计）

该设计获2011第五届"海峡杯"优秀奖，如图9-20所示。

这款足球鞋设计灵感来源于中国传统元素——剪纸。球鞋帮面不对称设计，可更贴合脚背，使穿着者更能灵活地控球。鞋身内侧大面积剪纸花纹上层为EVA材料镂空发泡并将logo融入其中，下层为黑色橡胶材料，采用无机胶水黏合技术，更具环保性。鞋舌及统口处冲孔海绵设计，更加舒适透气。鞋后帮大面积TPU材料可稳固后掌，使得运动者剧烈运动时能保持鞋底的稳定性，避免受伤。不足之处是：材料应用过于昂贵，成本过高，投入市场风险过高收益不是很好。

图9-20　剪纸艺术

八、悬丝傀儡（李颜诚设计）

该设计获2011第五届"海峡杯"铜奖，如图9-21所示。

该款鞋主要是以悬丝的特点来设计的，悬丝为背后操纵的线，意义为背后的秘密。鞋身内侧和顶面主要以悬丝为支撑，起到挡球和防踩的作用，突出的是轻质、快捷、速度、控球和舒适度，像悬丝一样锐利。这是一款任人摆布的鞋，忠心护主的鞋，更是一款有攻击力的鞋。

图9-21　悬丝傀儡

此款足球鞋的设计上考虑得相对完善，功能和帮面设计贴合运动，还考虑了不同人群的习惯，有比较精细的细节设计。不足之处是后跟处的线条设计与脚弓处的透气结构不协调，可再优化一下。

九、忐忑（丘马金荣设计）

该设计获2011"全国荣顺杯时尚布鞋设计大赛"优秀奖，如图9-22所示。

《忐忑》是一首非常流行的神曲，这款作品是用马克笔进行绘画的，主要表现的是"忐忑"为背景的设计主题。颜色大胆、鲜艳，有很强的视觉冲击力；在造型上比较简单、休闲，具有时尚感。

十、小蜜蜂（丘马金荣设计）

该设计获2011"真皮标志杯"中国鞋类设计大赛市场潜力奖，如图9-23所示。

此款童鞋是由马克笔、彩铅结合绘画的作品，线条粗细结合，细节和整体把握得较好。

图9-22　忐忑　　　　　　　　　　　图9-23　小蜜蜂

统口处采用棉线和羊毛混织面料，环保健康，也更舒适和具有保护性。可开启立体螺母鞋盖采用磨砂皮，其手感柔软，包裹性强，并可内置香水、香包片来净化空气。帮面采用反绒皮，其透气性好，时尚洋气，使鞋子更有质感；触角采用棉球体，更显可爱。

十一、传承（庄志强设计）

如图9-24所示，该款式主要是以中国元素的传统图案来设计的休闲文化鞋。鞋帮大的板块结构灵感来源于太极图，图案细节的应用灵感来源于古典窗花图案，寓意和谐吉祥。鞋后帮的鞋提为TPU材质；激光雕刻的LOGO纹理，在材质上与帆布和橡胶形成对比的同时，使得鞋更具时尚气息，民族的就是世界的，越中国越时尚。

此款休闲文化鞋的设计上考虑得相对完善，材料和元素的提取搭配考虑比较周全，有比较精细的细节设计。不足之处是产品的定位相对不够清晰，鞋子的制作成本问题尚需考虑。

图9-24　传承

十二、剪纸艺术（蔡小康设计）

该设计获2011"真皮标志杯"中国鞋类设计大赛中国元素演绎奖，如图9-25所示。

这款篮球鞋设计灵感来源于中国传统剪纸艺术，复杂的剪纸工艺，具有许多特征。在帮面上采用立体印压技术，充分体现剪纸艺术的精华；EVA发泡材料与帮面完美结合，使鞋身更加透气轻便；红、黄配色，给穿着者一种阳光向上的感觉；EVA材料在鞋底减震方面具有很好的效果，科技，动感，时尚，体现了穿着者优美的运动形态。

不足：中国元素应用过于简单；大帮面设计，是否具有合理性？鞋底采用中包，不能起到很好的包裹性。大底应适当加入耐磨橡胶。

图9-25　剪纸艺术

十三、Breathing（蔡小康设计）

该设计获2011"西部鞋都杯"鞋类产品设计大赛金奖，如图9-26所示。

Breathing篮球鞋是一款会呼吸的鞋，鞋子依靠鞋底仿汽车进气口的设计，实现鞋内空气循环，全掌透气；配色以草绿色为主，体现"绿意"。在功能方面，后跟的TPU结构可支撑脚掌并分散压力，鞋带捆绑采用旋钮结构，更

图9-26　Breathing

贴合脚面，也更加便捷、牢固，体现了大赛的"灵动"主题。此款篮球鞋设计以呼吸为概念，以汽车结构进行造型设计，整体结构动感、时尚、新颖，魅力十足。

不足：材料分析不够全面，概念鞋款做出成鞋效益不是很高，可以考虑部件简化，投入生产。

十四、龙之翼（王官荣设计）

该设计获2012年特步"烽火鞋"设计大赛铜奖，如图9-27所示。

这款篮球鞋以西方的火龙为元素，整体造型流畅，动感十足。帮面主要模仿了火龙的翅膀，通过动感的流线造型，来体现一种飞跃的速度感，同时也运用了龙鳞的肌理，给人一种霸气、威严的稳重感。颜色上主要运用红、白、黄三种颜色，也有很好的视觉冲击力，给人以华贵的感觉。

图9-27　龙之翼

十五、预见未来（黄剑雄设计）

此设计以三款各具特色的高、中、低帮篮球鞋组合成一个系列，该系列篮球鞋以汽车为设计元素，结合人机工程学原理，将概念汽车的超前造型、精美流线、夸张前脸和通风装置等运用到运动鞋造型设计和功能设计中，从而增强了运动鞋的透气性，提高了舒适性，如图9-28所示。该系列篮球鞋为概念鞋设计，并达到一定的艺术性、美观性。由于该设计着重于概念，所以实用性会有所削弱。设计对象为女运动员，因此在色彩上运用了比较鲜艳的对比色，提高整体视觉效果。

图9-28　预见未来

十六、终级狂牛（蔡超群设计）

"终级狂牛"系列是以兰博基尼 Reventon 为灵感而设计的篮球后卫战靴，该系列设计拥有爆炸性的外观，参照了 Reventon 的造型设计，游艇灰配色极具现代感，夸张的棱角分割，使其看起来更像是穿在脚下的跑车。设计者将其定位为量身定做的顶级后卫篮球鞋，拥有轻巧、透气以及流线外观的特点，全掌缓震，后跟 TPU 稳固，达到美观性与实用性并重的设计目的。"终级狂牛"系列一共有三款战靴，cray1 霸气外露，cray2 锐不可当，cray3 风驰电掣，每款战靴在前款原有性能的基础上，进行进一步升级，使其更加完善、更加出色，如图9-29所示。

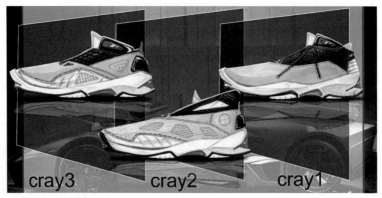

图9-29　终级狂牛

十七、零摄氏度（朱秋燕设计）

冰与水是自然生态物质，在我们日常生活中十分常见，但在篮球鞋上的运用比较少。冰在我们印象中是坚硬、晶莹剔透的，水是灵动的，这正是篮球鞋在赛场上需要的状态：坚固，可以抵抗赛场上的激烈碰撞；灵活，可以在赛场上穿梭自如。正是这样的想法，让设计者将篮球鞋的设计与冰、水完美结合，如图9-30所示。

图9-30　零摄氏度

十八、英雄·为你而战（王集艺设计）

"英雄·为你而战"是三款围绕着篮球战略和团队合作特点进行设计的篮球鞋，通过"各个英雄"来展示球员在场位的特点，提取素材中的元素造型，运用点、线、面进行分割的方式，合理分布，对"英雄人物"元素进行整合，大胆进行创新设计，体现不同的视觉效果。在材料的应用上提高透气性和轻便化，在功能上设计合理，造型上霸气有张力，外观上炫丽耀眼，且实质上能与运动精神相结合，使得蓝球鞋在设计理念上提升，体现出对团体作战和即时战术的重视，如图9-31至图9-33所示。

图9-31　英雄·为你而战（一）

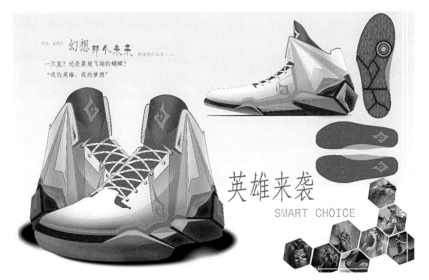

图9-32　英雄·为你而战（二）

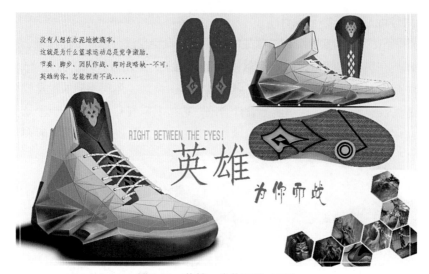

图9-33　英雄·为你而战（三）

参考文献

[1] 杨志锋. 鞋样造型设计与表现［M］. 北京：中国物资出版社，2010.

[2] 杨志锋，彭棉珠. 运动鞋计算机辅助设计［M］. 北京：中国轻工业出版社，
     2018.

[3] 杨志锋. 运动鞋设计材料学［M］. 北京：中国财富出版社，2014.

[4] 高士刚，刘玉祥. 运动鞋的设计与打板［M］. 北京：中国轻工业出版社，
     2010.

作者简介

杨志锋，硕士，讲师，鞋类设计师、高级技师，高级考评员；现为泉州师范学院纺织与服装学院专业教师；先后在台湾伯诺股份有限公司、安踏（中国）有限公司担任鞋类设计师；社会兼职；泉州轻工职业学院安踏时尚设计学院教师；出版教材三部、专著一部，分别为《PhotoshopCS3运动鞋设计与配色》《鞋样造型设计与表现》《运动鞋计算机辅助设计》和《运动鞋设计材料学》；设计作品入选文化部主办的首届中国设计大展，发表学术论文10余篇，其中核心论文2篇，参与省级、市级课题多项，主持市厅级课题2项。并多次获得学生赛事优秀指导教师奖。